刻印づけと嗜癖症のアヒルの子

社会的愛着の原因をもとめて

ハワード・S・ホフマン 著

森山哲美 訳

AMOROUS TURKEYS AND
ADDICTED DUCKLINGS

A Search for the Causes of Social Attachment

二瓶社

AMOROUS TURKEYS AND ADDICTED DUCKLINGS:
A Search for the Causes of Social Attachment.
by Howard S. Hoffman.
Copyright © 1996 by Howard S. Hoffman
Japanese translation rights arranged with Howard S. Hoffman
through Japan UNI Agency, Inc., Tokyo

目　次

はしがき ……………………………………………………………… 5

謝　辞 ………………………………………………………………… 8

序 ……………………………………………………………………… 10

第1章　はじめに …………………………………………………… 13
　ヒトに恋した七面鳥の話 ………………………………………… 13
　刻印づけの領域を拡張する ……………………………………… 16
　研究の実際的な問題と日常的な問題 …………………………… 18

第2章　初期の研究 ………………………………………………… 22
　刻印づけと強化 …………………………………………………… 22
　反応パターン ……………………………………………………… 26

第3章　不快な状況にいるときのアヒルのヒナ ………………… 32
　ディストレス・コールを測定する ……………………………… 32

第4章　刻印づけにおける反応随伴性 …………………………… 38
　情動的なディストレス・コールと操作的なディストレス・コール ……… 41
　刻印づけと弱化 …………………………………………………… 43
　くしゃみをする軽業ネズミの話 ………………………………… 46

第5章　イギリスでの学会 ………………………………………… 49

第6章　刻印づけと食餌行動 ……………………………………… 54
　社会的に誘導された食餌行動 …………………………………… 56

第7章　刻印づけの臨界期？ ……………………………………… 60
　神経組織の発達過程における臨界期 …………………………… 61
　予備的研究 ………………………………………………………… 62
　成長した鳥の刻印づけ …………………………………………… 66

第8章　刻印づけと学習 …………………………………………… 71
　学習実験 …………………………………………………………… 72
　第2の刺激に対する刻印づけ …………………………………… 76

第9章　刻印づけにおける動機づけ基盤 ………………………… 79
　刻印刺激に対する「内的な要求」は存在するのか？ ………… 79
　理論構築のための取り組み ……………………………………… 81

対抗過程の理論（opponent process theory）を検証する ………… 82
　　　関連する薬理学的研究 ……………………………………………… 84
第10章　ようやく解決されたミステリー ……………………………… 86
　　　裏づけとなるデータ ………………………………………………… 88
　　　霊長類やヒトとの関係 ……………………………………………… 91
第11章　嫌悪刺激 ………………………………………………………… 95
　　　ヒト以外の動物を実験で用いる …………………………………… 95
　　　基本的な技術 ………………………………………………………… 97
　　　実験結果とそれが意味するもの …………………………………… 98
第12章　攻撃と刻印づけ ………………………………………………… 101
　　　攻撃的動因？ ………………………………………………………… 102
第13章　刻印づけの文脈における社会的相互作用 …………………… 107
第14章　オランダでの学会 ……………………………………………… 113
第15章　ケンブリッジで過ごした1セメスター ……………………… 118
　　　重要な違い …………………………………………………………… 119
　　　刻印づけと神経系 …………………………………………………… 123
第16章　理論に関する論評 ……………………………………………… 129
　　　刻印づけは自己制限的な過程か？ ………………………………… 129
　　　呈示学習か、それとも古典的条件づけか ………………………… 133
第17章　さらなる偶然の巡り合わせ …………………………………… 138
第18章　未来に思いを馳せて …………………………………………… 144
References ………………………………………………………………… 149
人名索引 …………………………………………………………………… 155
事項索引 …………………………………………………………………… 158
訳者あとがき ……………………………………………………………… 163

いつの時代にも間違ったものの見方がある。誤解を招くような一般化や公式化が行われたりもする。また無意識の偏見もある。科学者は、そのような問題が錯綜している状況で七転八倒しながら努力してきた。極めて優れた科学者であっても事情は同じである。しかし彼らのそのような努力が、彼らによって導き出された科学的知識を教科書で学んでいる人たちから、十分に評価されることはほとんどない。(p.44)

―― James B Conant（1951）

はしがき

孵化直後のアヒルのヒナの行動と人の行動にはどのような関係があるのだろう？ 1932 年、Konrad Lorenz に刻印づけられた数羽のガチョウのヒナが彼の後を追いかけた。そのときから今日に至るまで、新生児の母親や医者はそれを問題にしてきた。Hoffman は、Lorenz が言ったことが正しいのかどうか疑問に思った。彼は人の行動を包括的に理解したかった。他の実験科学者たちと同じように、人の行動を包括的に理解するという目標が達成されるには細かい作業が必要であると Hoffman は信じている。細部を調べて複雑な事柄の全体像を理解する。これは、自然の運動について 1500 年間にわたって信じられてきたアリストテレス学派の見解を Galileo が覆した頃（1500 年代頃）からの、実験自然哲学の信条である。Stephen Jay Gould は、わずかな数の生き物を詳細に語ることで、何十億年という生物の進化をわれわれが思い描けるようにした。Roger Penrose は、長くて複雑な数学の定理を呈示して、意識についての概念を把握しようとする。Howard Hoffman が望むことは、人の行動に関する現在のいくつかの定説を私たちが疑うことである。彼は、自分の研究を詳しく述べることでそれを試みた。彼の研究は、

条件統制のなされた実験室での数十年間にわたるアヒルのヒナの研究である。Hoffman は私たちを、彼の実験室へといざなう。気がつくとまるで私たちも、アヒルのヒナの飼育ケージの掃除をし、午前3時には実験室に戻って水を取り替えているかのようだ。これこそ、真の科学者が行っていることである。考える、計画を立てる、実験する、分析する、再考する、はじめにもどってまたやり直す。この繰り返しの過程が実験心理学である。それは、量子化学、神経生物学、核物理学でも同じである。私たちが、自分がなぜそのように行動するのかという動機をつきとめたいと願って偏見のない心で日々研究を続けている科学者であるとしよう。何ヶ月にもわたって自分の考えが間違っているにもかかわらず他人からもてはやされる。とても奇妙な出会い（くしゃみをするネズミなどの）がある。期待どおりにならない場合もあれば、その時代の「偉大な」科学者 Lorenz からかなりこき下ろされたりする。セレンディピティー（serendipity; 掘り出し物を発見する能力）が重要だと気づいたりもする。そして最後に、ほ乳類のいくつかの行動的側面を少しでも理解できたのではと思ってみる。

　泣き叫ぶ子どもにどのように対応すればよいのだろう？　生まれたばかりの子どもが親とのきずなを形成するのに重要な時期があるのだろうか？　このような疑問への回答として極端なものがある。それが正しいとする本や論文は多すぎるほどある。一方でこれと正反対の回答がある。それが正しいとする本や論文も多すぎるほどある。Hoffman は、理論には2種類あって、それは間違っているものと間違いであることがいまだ証明されていないものの2つであるという格言を、私たちにわからせようとしている。私たちは、深く愛している人とどのようにかかわるのだろう？　相手と親密になれば、その相手を侮辱するようになるのだろうか？　相手がいないと心はますます相手に向くのだろうか？　私たちの行為は、私たちの遺伝子配列ではなく、私たちを取り巻く社会的な環境や物理的な環境によって決定されるのだろうか？　Desmond Morris が言ったように、あるいは Richard Leakey が言ったように、私たちは生まれつき暴力的なのだろうか？　環境との関わりはアル

ゴリズム的なのだろうか？　私たちは部分の集まりなのか、それとも非線形力動説者たち（non-linear dynamicists）が唱えているように、この3000年間の哲学的考察は必ずしも正しくなかったのだろうか？　私たちが薬物嗜癖になるのは、脳や身体がそのようになっているためなのか？　これらの問題が人の行動とどのように関係するかに関して、偏見のない心と数十年間にわたるアヒルのヒナの実験室的研究との合体によって、何が語られるのか？ Hoffman が望んでいるのは、読者が自分自身の結論を導くことである。

　複雑な事柄の全体像を教える教材が自然科学を取り扱った本である場合、教養ある読者の琴線にふれることはほとんどない。内容があまりにも難しすぎるか、あるいはその概念が見慣れぬものだからである。しかし、この本の背景は飼育ケージの中をうろつくアヒルのヒナである。この本に書かれている真の科学を理解するために読者はロケット科学者になる必要はない。この本は、実験心理学を学ぼうとしている人たちの心に訴えかけてくることだろう。実験心理学とはどのような学問かを教えてくれるからである。また、私たちの行動の原因を知りたいと思っている人たちにもふさわしい本である。

ブリン・モア大学
物理学教授
Peter Beckman

謝　辞

　知的な援助なくして価値ある研究がなしとげられたことは、今までにない。この研究に何年間にもわたって参加してくれた多くの大学院生、学部の学生諸君に感謝する。彼らは、研究の着想と中味を充実させることに、かなりの貢献をしてくれた。その意味で、この研究は皆の協力によるものといえる。協力してくれた学生諸君の名は、この本の中で引用している研究論文や引用文献の共著者、あるいは単著者として紹介されている。この本の草稿をタイプするときに手伝ってくださったDoris McCouloughさんにも感謝する。

　ケンブリッジ大学Kings Collegeの学長で動物行動学教授のPatrick Bateson氏、ケンブリッジの動物学科長でSidney Sussex Collegeの学寮長であるGabriel Hornの両氏には特に感謝申し上げる。彼らは、私がケンブリッジ大学に滞在する手配をし、本書を書き上げるために施設を利用することに便宜をはかってくださった。特に、彼らの実験室を訪れて語り合うことで私の考えを深めることができたことに感謝したい。

　Johan Bolhuis氏は、草稿に目を通して貴重な意見を提供してくれた。彼との話し合いの中で友情がはぐくまれ、ケンブリッジでの研究への熱意を共有できた。Eric Keverne氏にも感謝したい。彼は私を見付けて、ケンブリッジ大学マディングリーの動物行動実験室での自分の研究について教えてくれた。彼の研究の成果を知って、愛着とはある種の嗜癖性行動だと確信することができた。

　２人のアメリカの同僚がこの本を読んで建設的な意見を述べてくれたのも幸いだった。Peter Beckman教授は、ブリン・モア大学で物理学の教鞭をとっている。私の書いたものを見せてほしいと彼から言われたとき、私はこの本の出版を躊躇していた。いくつかの主だった出版社は原稿を見て賛辞を述べてくれたが、市場で売れるとは思っていなかった。研究とはどういうものかを語っていると、Peterは強い興味を抱いてくれた。そして、そのメッセー

ジを提供することがいかに重要かを指摘してくれた。彼の指摘で、私は原稿を改訂して別の出版社に提出する気になった。その時点で私はわからなかったが、これがきっかけとなってもう一人の同僚 Murray Sidman が編者になってくれることになった。優れた筆力と行動分析学の専門的知識を持つ彼のおかげで、私の思考と文章は明瞭となった。もし他の誰かが編者だったら、この本の価値はかなり低くなっていたであろう。

　妻の Alice には大いに世話になった。彼女は、私のエンドルフィンの源であるばかりでなく、この本の執筆作業をいつも励まし、執筆が進むにつれて内容の批評をしてくれた。そのようにして彼女は、この研究についての私の考えをより良い方向にまとめてくれた。そのおかげで私は、その重要性を再認識できた。息子 Daniel Hoffman にも感謝したい。彼は、この本の中に出てくるすべての図を作成してくれた。私にはコンピュータグラフィックスの技能がないからである。彼は快く引き受けてくれた。家族と同僚の力添えに感謝する一方で、本書の内容にエラーがあるとしたら、その責任はもちろん私にあるということを申し添えておかねばならない。

　最後に、国立精神衛生研究所（The National Institute of Mental Health）に感謝の意を表したい。私の刻印づけの研究は、初年度頃を除き、継続して NIMH の補助金 19715 を受けてきたからである。

ブリン・モア大学
心理学名誉教授
Howard S. Hoffman

序

　幼い個体とその母親との間で発達する社会的きずなはどのように形成されるのか、本書は、その問題について私と学生諸君が調べた研究をまとめたものである。専門的に言えば、Konrad Lorenz（1937）が「imprinting（刻印づけ、刷り込み）」と名付けた過程が、私たちの研究の中心的な課題である。個体が「臨界期」と呼ばれる発達の比較的早い時期に経験した事柄は、その個体に長期的な影響を与えると考えられている。

　刻印づけと、刻印づけがその後の行動にもたらす影響について Lorenz 学派の人たちの考え方は、子どもの育て方や子どもとの関わり方にかなりの影響を及ぼした。彼らの考え方は、氏と育ちのどちらが重要かといった議論に、好ましからざる影響を与えた。そして、生物学的環境や社会的環境が行動に及ぼす効果は可塑的ではなく固定的である、という見方を促した。

　私たちは刻印づけを研究することで、Lorenz やその後継者の見解とは異なる結論にいたった。刻印づけは急速な過程でも不可逆的な過程でもないと、私たちは結論した。さらに詳しく言えば、刻印づけは臨界期と呼ばれる短い期間だけに起こる過程ではないということである。そうではなく、私たちの研究が明らかにしたのは、刻印づけがある種の漸次的な学習過程であること、そして、それはエンドルフィン（endorphin）という脳が作り出すオピエート（opiate）[1]の放出を伴う嗜癖性の過程（addictive process）である、という思いもよらない結論である。このように結論すれば、これまで刻印づけで問題とされてきた多くの観察結果（食餌行動や攻撃行動に関する結果も含まれる）を説明できる。

　刻印づけが嗜癖性の学習過程であるという結論には、多くの実用的な意味

---

[1] オピエートはケシから抽出される薬物でアヘン剤。ケシに由来しないがオピエート受容体に結合して直接作用する物質をオピオイド（opioid）という。

がある。例えば、育児や養子縁組において親子の社会的愛着が問題となる場合がある。そのとき多くの人はLorenz学派の人々の考え方を受け入れる。その考え方が広く信じられているからである。私は、本書で科学的な証拠を提供して、刻印づけに関して彼らの解釈が与えたそのような影響を無効にするつもりである。しかし、Lorenzたちが観察した事柄を否定するつもりはない。私が言いたいのは、条件が十分に統制された実験室の中で行われた私たちの研究の方が、Lorenzたちが野外で観察した動物の行動を適切に説明できる、ということである。

　そのために私は、私たちの実験の真の意味を専門家でない人たちにも理解し納得してもらえるように書くことに努めた。また読者の方々、特に若い研究者諸君には、私たちの研究の雰囲気を味わってもらえるように心がけた。忙しい実験室の舞台裏で何が起こっているのか、それは専門家でない人たちのあずかり知らぬところだからである。

　研究の詳しい内容は、オリジナルの研究報告でもちろん知ることができる。新聞や雑誌、教科書の中でも、その内容をまとめたものが紹介されることはしばしばある。しかしこのような情報源のほとんどは血が通ったものではない。つまり、研究の本当のところを説明していないのである。教科書のような二次的情報源は、研究の細かいところや議論されるべき問題を巧妙に棚上げし、かなり簡略化して説明しているのが普通である。科学の優れた研究報告書は、どのような研究が行われたのか、問題点がどのように扱われようとしているのかを、かなり詳しく記している。しかしそのような報告書であっても、研究実施前に解決されなければならない当たり前と思われる問題を詳しく論じているものはほとんどない。また皮肉や思いがけない発見、ときにはユーモアにいたっては、報告書に記されることはまったくない。実はそのような内容こそ、研究を生き生きとしたものにしてくれるし、科学がまさに人間の営みであることを示してくれるはずである。私は、この本の中でそのような情報をいくつか提供したいと思った。

　最後に、私たちの実験室で得られた研究成果が他の研究者による研究成果

とどれほど一致しているかについても述べたいと思った。刻印づけに関わる私たちの研究は 15 年にわたって行われ、1980 年代初頭にその幕を閉じた。私が刻印づけの研究を止めて他の問題に取り組んでいた十数年の間に、刻印づけについてかなり将来性のある研究が行われるようになった。それは特にイギリスやオランダにおいて顕著であった。本書の終わりのいくつかの章でそれらの研究を紹介し、私たちが行ってきた研究との関わりを検討するつもりである。

第1章

はじめに

　Lorenzは「刻印づけ」という言葉を造った。そして灰色ガンのヒナが社会的きずなを形成する過程をこの言葉で説明した。灰色ガンのヒナは、はじめて出会った動くものと社会的な結びつきをつくる。孵化して最初の数時間に出会った刺激対象がヒトであった場合、ガチョウのヒナはヒトに対して社会的な結びつきを形成する。普通、彼らは自分たちの母親に社会的な結びつきを形成する。それとまったく同じ方法で、ヒトに対して社会的な結びつきを形成するのである。Lorenzが観察したのはこの事実である。この過程は急速に起こるように見えた。そのため、ガチョウの神経系にヒトのイメージが瞬間的に刷り込まれ、いつまでも消えずに残っているかのように、Lorenzには見えたのである。Lorenzはこの愛着の強さを示すために、6〜7羽のガチョウが一列になって彼の後を追いかけている写真（今や古典的だが）を示した。

ヒトに恋した七面鳥の話
　私が刻印づけの研究を始めたのは1960年代はじめの頃であった。そのころの私は、Lorenzが観察したこと、そしてそれを彼がどのように解釈しているかということを知っていた。しかし刻印づけについて調べなければならないことは、もっとたくさんあるように思えた。それを調べることで、社会的愛着の基礎的な過程を深く考えることができると思った。しかし、当時の私はさまざまな問題を調べており、いずれも社会的愛着に直接関係するもの

ではなかった。そのような私が刻印づけに特別な関心を抱くようになったのは、2つの思いがけない出来事がきっかけである。最初の出来事は、ペンシルベニア州立大学の心理学科、生物学科、そして畜産学科の人たちが数回にわたって非公式に行っていた昼食会セミナーでのことだった。当時の私は、コネチカット大学で実験心理学を学んだ新参の助教授であった。行動の原因を調べるために問題を提起し、その問題を解決するために実験する——という実験科学の方法を、私は学んでいた。その実験は、誰もが検証できて評価できるデータを得るための実験である。ヒトの生理と行動の多くは他の動物の生理や行動と類似していることも、学んでいた。昼食会セミナーではさまざまな動物種を扱った研究が報告されていた。そのためそのセミナーは、心理学者が滅多に研究することのない生き物の生理と行動を学ぶのに格好の機会であった。

　ある日の昼食会の席上で、ペンシルベニア州立家禽農園で行われているEdgar HaleとMartin Scheinの研究を知った。彼らは七面鳥の求愛行動を調べていた。この研究課題は、七面鳥を繁殖させて生計をたてている農家の人たちのもっぱらの関心事であった。私はセミナーを通じてHaleとScheinと親交を持つようになった。ある晩、私が研究室で仕事をしていると、Scheinから電話があった。自分の実験室に来ないかという誘いの電話であった。私に見せたいものがあるとのことだった。

　彼の実験室に着くと、薄暗い通路に案内された。その通路の先には2つのドアがあり、2つの実験部屋が隣り合わせにあった。それぞれのドアにはマジックミラーの窓があった。この窓をとおして実験者は、部屋の居住者に気づかれることなく中を覗くことができた。2つの部屋の居住者は七面鳥だった。いずれもオスの成鳥だった。それぞれの部屋におよそ35羽がいた。ホールで私は、「2つの部屋の鳥に違いがあるかどうか調べてみるといい」と言われた。そこで一生懸命になって窓越しに彼らを見た。しかし、結局、何の違いも見いだせなかった。2部屋の鳥たちは、ほぼ同じ大きさで、外見も行動も同じように見えた。要するに2つのグループは、普通の七面鳥のように

見えた。

　しかしその後の数分間の出来事によって、一方の部屋の鳥たちが普通の七面鳥ではないことがわかった。私はまず手前の部屋に案内された。ドアをあけるやいなや、鳥たちは部屋の奥の隅に向かって逃げた。私が彼らの方に向かっていくと、彼らは私との距離を最大限に保つかのように壁沿いに逃げた。それは不思議ではなかった。鳥たちは私を避けたのだ。この部屋の鳥たちは統制群の個体であると聞かされた。彼らは普通に孵化した七面鳥で、これまでヒトとの接触をあまり持たなかった鳥たちだった。

　次に私は2番目の部屋に入るように言われて、そうした。すると驚いたことに、この部屋の鳥たちはまったく異なった行動を示した。逃げるどころか、この鳥たちはその場で立ち止まり、私をじっと見据えて完璧な求愛のポーズを取り始めた。七面鳥が求愛行動を示すとき、その尾は広げた扇のようになる。頭は引っ込められて肉垂（のどの下に垂れ下がっている赤い肉の突起物）が伸びる。この部屋にいたすべての鳥がこれを行ったのである。それだけではない。彼らは全員、私に向かってのっそりと近づき始めたのである。これは七面鳥が交尾をしようとするときの行動である。いうまでもなく私は逃げたが、それは難しいことではなかった。求愛中のオスの七面鳥の動きは、ひどくゆっくりとしているからだ。この観察だけで、この件の研究の必要性がわかるだろう。

　Hale と Schein は、雄性ホルモンのテストステロンが孵化した直後の七面鳥の行動にどのような効果を持つのかということを調べていた（Schein and Hale, 1959）。テストステロンは、多くの種でオスの成体の求愛行動を引き起こすホルモンと考えられている。Schein と Hale は、テストステロンを性的に成熟していないオスに注射すると成体と同じ求愛行動が現れるかどうかを明らかにしようとした。彼らはまた、どのような種類の刺激がこの行動を引き起こすかということも明らかにしようとした。彼らが明らかにしたことは、テストステロンが注射されると若いオスが完璧な求愛行動をするということ、そしてこの行動はほとんどの場合注射をした研究者に向けられるとい

うことであった。

　2番目の部屋にいたのは、この実験の被験体で十分に成長していた鳥たちだったのだ。この鳥たちはメスにも好意を示すことがあるがその反応ははっきりしないと、聞かされた。それに対して対象が人であると、私が部屋に入ったときにすぐに見せたような完璧な求愛反応を示すのだった。テストステロンが投与されているときに人の呈示を受けると、人に対する性的な好みを示すようになる。実験が終わってテストステロンが投与されなくなると、この鳥たちは求愛行動をまったく示さなくなった。つまり、彼らと同齢の他の七面鳥と同じように人に対して反応した。しかしこの鳥たちが成長して自分自身でテストステロンを分泌するようになったときに人と出会うと、求愛行動を再び示し始めた。

　上で述べた研究の結果を考えると、七面鳥やおそらく他の生活体の性的な好みは大量の性ホルモンが分泌され始める頃に呈示された刺激によって決定されると、私は考えている。しかしこの考えは明らかに思弁である。この問題の満足のいく回答を得るには、直接調べる必要がある。重要なのは、この奇妙な出来事が私に重要な教訓を与えてくれたということである。なんらかの初期経験によって起こりうる強力で永続的な行動的効果、これは私にとって忘れることができないものとなった。

刻印づけの領域を拡張する

　刻印づけを研究することになった2番目のきっかけはNeil Peterson (1960) の論文であった。当時、彼はハーバード大学のB. F. Skinnerの研究室の大学院生であった。Petersonは、孵化後まもないアヒルのヒナが小さな標的をつつくたびに、動いている無生物の刺激対象を短時間だけ呈示した。その刺激対象は、ヒナが前もって刻印づけられている刺激であった。このような手続きによって、ヒナはその標的を頻繁につつくようになった。

　Petersonの論文は、いくつかの理由で私にとって特に興味深いものであった。まず、それは極めて独創的な研究と思えた。空腹のネズミに餌を呈示し

たときと同じように、刻印刺激（刻印づけられている刺激対象）を呈示するだけでアヒルのヒナの行動を強化できるということが、きちんと示されたのである。次に、その研究は、このような研究に普通つきまとういくつかの落とし穴を避けながら幼い個体と母親とのきずなを調べる方法を教えてくれた。ほとんどの社会的関係、特に幼い個体と母親とのきずなには、互恵的な効果がある。つまりペアの片方の行動は、少なくともある程度、もう片方への応答である。そのため社会的関係の研究は難しくなる。なぜなら、社会的ペアの一方に影響する手続きは、そのメンバーの反応を介して他のメンバーにも影響するからである。Petersonの論文は、この問題を避ける方法を私に教えてくれた。つまり、アヒルのヒナの「親」（無生物の刺激対象）への反応を確立するために刻印づけの現象を用いるという方法である。この方法によって、上で述べた問題は避けることができる。「親」である刺激対象の行動を実験者は制御でき、アヒルのヒナの行動とその刺激対象の行動の関係を、特定の研究課題の要件に応じて完璧に調べていけるのである。

　私たちの研究の被験体は、いつもアヒルのヒナであったが、私たちの関心はアヒルのヒナそのものではなかったと言えるだろう。アヒルのヒナを被験体としたのは、社会的きずなの形成を一般的に理解するために適切だと考えたからである。アヒルのヒナを調べたのは、都合がいいからであって他の理由はなかった。だからといって、アヒルのヒナに興味がなかったとか魅力的だと思わなかったというわけではない。それどころか私と学生たちは幼い被験体の行動に魅了されて、彼らを好きにさえなった。しかしアヒルのヒナでの実験が単にアヒルのヒナの何かを知るためだけであったなら、私たちはここで紹介する一連の研究を行わなかったと思う。

　私は実験心理学者の立場で研究を始めた。ほとんどの実験心理学者には基本的に、自然は連続しているという考えがある。ある行動過程が比較的下等な生活体で観察されたなら、それはより高等な生活体においても機能している可能性があるという考えである。この理由で実験心理学者は、ヒトの行動を研究する場合と同じようにネズミやハトあるいは霊長類の行動を研究する

ことがある。だからといって私を含む実験心理学者たちは、行動が種間でまったく同じとは考えていない。それぞれの種はその独自の特殊な身体的特徴を示している以上、その特殊性と同じように特殊な行動を示す場合があるということを、私たちは知っている。しかし、発達はもともと漸次的で累積的な過程であるということも知っている。高等動物でしか見られないと思える行動でも、より下等な動物の比較的単純な行動が複雑になったものである場合がしばしばある。ヒトの社会的きずなの形成過程は、これから調べようとしているアヒルのヒナの社会的きずなの行動過程が複雑になったものである。刻印づけの研究に私が着手したとき、これが証明されることを期待した。この本の後の章で示される証拠は、まさにこれを裏付けている。

研究の実際的な問題と日常的な問題

　刻印づけを研究する以上、その準備をしなければならなかった。その一つは、アヒルのヒナの飼育室と実験装置を作ることだ。科学ではよくあることだが、アヒルの飼育などといった見かけ上取るに足らない作業の一つが、重大な問題を提起する場合がある。

　いろいろな所にあたってみたところ、結局オハイオ州のある飼育場がアヒルの有精卵を提供してくれることになった。数ダースの卵を私は注文した。そして Marty Schein が、孵卵器の空いているスペースを用意してくれた。

　アヒルが孵化するのには 28 日かかる。学生たちと私は、この時間を実験箱の製作にあてた。この箱の中で、刻印づけの訓練をするのである。実験箱は Peterson が作ったものを基にして作った。彼のものと同様、条件が十分に統制できるように設計した。つまり、この箱の中でアヒルのヒナを刻印づける。そして標的をつつかせるための訓練も行えるようにした。最初は 2 つ作った。が、後の研究ではさらに 4 つ増やした。それぞれの装置は約 183 センチの長さの合板製の箱で、ステンレス製の細かい網のスクリーンで仕切って、2 つの同じ大きさの部屋に分けた。一つは被験体の部屋で、もう一つはヒナが刻印づけられる刺激（刻印刺激）の部屋であった。

当初のいくつかの研究では、刻印刺激は白いプラスチック製の牛乳瓶であった。これを模型電車のエンジンの台上に載せた。プラスチックの牛乳瓶の入手が難しくなってからは、気泡ゴム製の矩形ブロックをエンジンの上に載せた。特殊な電子装置で、このエンジンを制御した。これで実験プログラムを実行すると、エンジンは刺激部屋の軌道上を秒速約30センチで行ったり来たりした。

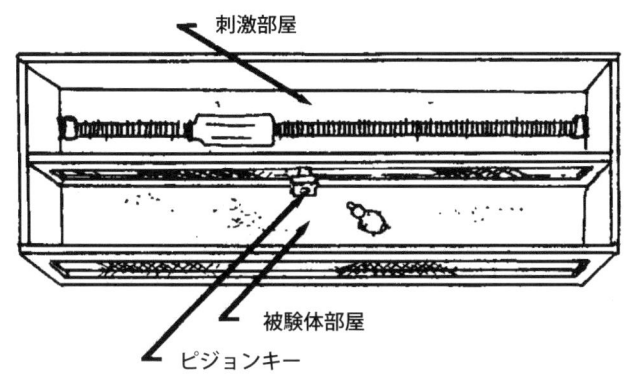

図1　刻印づけとキーつつき訓練の装置の俯瞰図

　図1は装置の一つを上から見た図である。いくつもの白熱ランプをそれぞれの部屋のスクリーン上に取り付けた。被験体部屋のランプは常時点灯し、その光をスクリーンに反射させることで、被験体が刺激部屋の中を見られないようにした。しかし刺激部屋のランプも点灯したときには、刺激部屋の中を見ることができた。このように、刺激部屋のランプを点灯させてエンジンを駆動させるだけで、アヒルのヒナに刻印刺激を呈示することができた。
　はじめは、標的をつつくと、動いている刻印刺激がしばらくの間見えるようにした。ヒナが標的をつつく行動をこれで強化し、標的をつつくことを教えたのである。つつき行動の標的には、半透明のプラスチック製パドル（へら）を用いた。このパドルに高感度のスイッチを取り付けて、前面に丸い穴があいている小さな金属製の箱にはめ込んだ（図1と図2を参照）。この標的は最初、ハトを被験体とした実験で用いられていた。そのため、ピジョンキー

と呼ばれている。後になって私たちは、ピジョンキーを標的として用いるのを止めた。その代わりに軽いバルサ材のポールを使った。このポールを金網スクリーン中央のくぼみに垂直にはめ込み、高感度スイッチからこのポールがぶらさがるようにした。このスイッチはプログラミング装置と電線でつながっていて、ポールがつつかれるとピジョンキーがつつかれたときのように刺激を短時間呈示した。ピジョンキーの代わりにポールを使った理由は、ポールにすると背丈の異なるどのようなヒナでも標的の高さをいちいち調整せずに使えるからである。

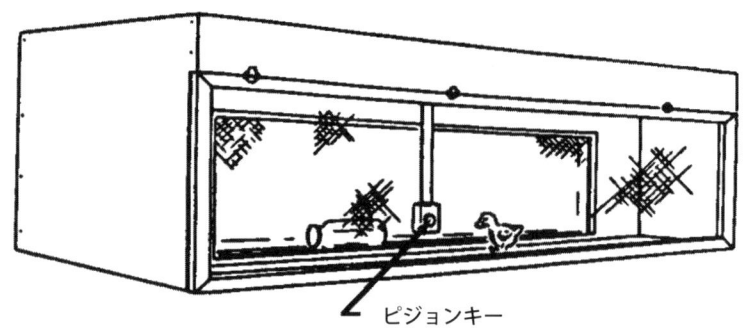

図2　刻印づけとキーつつき訓練の装置を実験者側から見た図
ここで示されているように、金網の奥の部屋が照明されて刻印刺激（牛乳瓶）を載せた模型電車のエンジンに電流が流れると、刺激は走路を行ったり来たりする。アヒルのヒナはこれを見ることができる（エンジンの音と刺激が移動する音も耳にする）。

　アヒルのヒナにふさわしいと思われる飼育装置も作った。この装置は木製飼育箱24個を並べたもので、床は金網だった。一つひとつの箱は長さ約25センチで、中には40ワットの電球を1個取り付けた。この電球が、ヒナに温かさと照明を供給した。この箱の中にいるヒナが他のヒナの声を聞くことはできても姿を見ることはできないようにしたつもりだった。HaleとScheinが七面鳥の飼育に使った飼育装置に準じて、私たちはこの箱を作った。しかし、これは失敗であることがわかった。
　私たちはアヒルと七面鳥では消化系が異なることを考慮していなかった。

アヒルが水鳥であるせいかもしれないが、彼らの糞ははじめやわらかいが、乾くと岩のようになって接触面にこびりついて離れない状態になる。その結果、飼育装置を清潔に保つことはほとんど不可能であることがわかった。予想しなかったもう一つの問題は、アヒルのヒナの成長がとても速いということだった。飼育装置の清掃方法がわかっても、ほんの数日でヒナは飼育装置よりも大きくなってしまうということが、ヒナが到着して1週間のうちに明らかとなった。

　このような問題で、私はうんざりしてしまった。もしそれが続いていたなら、私は刻印づけの研究を全部あきらめただろう。しかし幸いにも、2つの問題は驚くほど単純な方法で一気に解決された。使い捨ての飼育装置を考えることで、装置全体を取り替える必要がないことがわかった。実際には、恒久的な装置に使い捨ての中張りを差し込めばよかった。

　いろいろなものを試した結果、大きなレストランで使われる57リットルサイズの白い半透明の食品用ビニール袋をたくさん購入した（実験心理学者には、他の分野のものを自分の研究に適した装置に躊躇なく作り変える習性がある）。それぞれの箱の内側に頑丈な半透明のビニール袋を張って、床には厚さ2～3センチにサニセルを敷き詰めてなめらかにした。サニセルは市販の寝藁材で、鳥の足場をしっかりとさせ、鳥の排泄物も吸収する。この袋の中に使い捨てのプラスチック製カップを針金で取り付け、餌と水をいつも入れておいた。

　この飼育システムは、私たちの研究目的にはほぼ理想的であることがわかった。飼育箱は、ヒナを視覚的に隔離しながらもヒナの視覚系を正常に発達させるための十分な光を提供できた。さらに、ヒナがほとんど成体になるまで彼らの体格に合わせられる大きさであった。また、この飼育装置を清潔に保つことはそれほど難しくはなく、経費もかからないことがわかった。ビニール袋とその中味を必要に応じて取り替えれば良かった。

第2章

初期の研究

　科学の歴史は、重要な大発見や輝かしい推論の歴史であると同時に、誤った結論が訂正されてきた歴史でもある。これは言うまでもないことだろう。結局、ほとんどの観察や発見において間違った結論を導く方法はいくらでもあるが、正しい結論を導く方法は1つだけなのである。こんなことを語るのは、私たちの刻印づけの研究もはじめのころ、いくつかの間違った結論を導き出したからである。それらの結論が論破されるとは、そのころはまったく思わなかった。その理由を今から説明しよう。しかしその前に、そのころの出来事をいくつか述べなければならない。

刻印づけと強化
　すでに刻印づけられている刺激をアヒルのヒナに呈示すると、標的をつつくという反応を強化することができる。Petersonはそのことを示した。しかしこの効果が現れるためには、刻印づけが前もって行われる必要があるのかどうか、その問題に彼は触れていなかった。刻印刺激の視覚的特徴の何かがもともとアヒルのヒナに強化的だということもありうると思われた。もしそうなら、彼の実験で刻印づけを前もって行う必要はなかったはずである。だからといってPetersonの独創的な研究が称賛に価しないというわけではない。そうではなく私が問題にしたいのは、彼の研究結果が社会的きずなの形成と本当に関連しているのかということである。この問題を検討するために、私たちは最初の研究を計画した。それは、Petersonの基礎的な実験を

追試しながら、それに多くの統制グループを付加した研究だった。これらがどのような条件のグループかを説明する前に、Peterson がアヒルのヒナに標的をつつかせるように訓練した方法を記す必要がある。

　Peterson が用いた手続きは、反応形成法（response shaping）と呼ばれる方法である。私たちはこの手続きに十分精通していた。なぜなら私たちは、実験箱の壁に取り付けられたキーをハトにつつかせるために、すでにこの手続きを用いていたからである。まず、1日ほどハトたちに餌を与えない。この操作を剥奪化という。これによってハトの動機づけを高める。それから1羽のハトを実験箱の中に入れて、注意深く行動を観察する。キーをつつくのに必要な行動を少しでもハトが自発したら、必ずいくらかの餌粒を小さな餌皿に呈示する。はじめは、ハトがキーの方を向くだけで餌粒を呈示した。これで、ハトは餌粒を食べ終わるとすぐにキーの方を向く確率が高くなる。この行動が確実に起こるようになったら、くちばしがキーに触れるかほとんど触れそうになるまで、餌粒を呈示しないようにする。

　近似法（the method of approximation）とも呼ばれるこの手続きには、研究者にある程度の技量が必要である。しかし、強化を実施する（この場合、餌粒の呈示）要件を徐々に増やすことで、ハトは速やかに、キーにくちばしをより近づけていくようになる。最終的には、ハトが自発的にキーをつつくまで実験者は待つだけでよい。これに時間がかかることはほとんどない。というのも、ほとんどのハトは、くちばしをキーに近づけたらそのキーをつつく傾向が強いからである。ハトがはじめてキーをつついたら、反応形成の手続きを止めて、後は餌呈示の制御をハト自身に任せればよい。つまり、ハトがキーをつついたらスイッチが閉じて電気仕掛けの給餌装置が作動し、自動的に少量の餌粒が呈示されるようにする。

　Peterson が用いた反応形成法は、私たちがハトの訓練に用いた方法と基本的に同じである。唯一の本質的な違いは、餌の代わりに Peterson は刻印刺激を用いたということである。つまり彼は、アヒルのヒナの反応がキーつつき反応に近いときに刻印刺激を短時間見せたのであった。すべてのヒナが

キーをつつくことを学習したという事実は、刻印刺激の呈示が効果的な強化子であることを示している。しかし私たちの疑問は、強化というこの効果がその前に行われた刻印づけの手続きによって生じたのかどうか、ということであった。

　Lorenz（1935）が明らかにしたことは、ガチョウは、孵化後2～3日以内に刺激の呈示を受けなければ、その刺激との社会的きずなを形成することはない、ということであった。この期間をLorenzは、「刻印づけのための臨界期」と呼んだ。Petersonが報告した強化の効果が刻印づけによって生じたのなら、この効果は臨界期中の出来事から生じたに違いない。私たちは、この問題を調べたのである。方法は、Petersonが用いた基本的な手続きをいくつか変えたものだった。特に私たちが知りたかったのは、臨界期が過ぎてかなりたってから刻印刺激をはじめて呈示するとどうなるのか、ということであった。

　一つのグループのヒナには、Petersonが用いた手続きと同じ方法で個別に刻印づけを行った。孵化後48時間以内に、それぞれのヒナに45分のセッションを6回行った。各セッションでは刺激を絶えず動かしてそれをヒナが見えるようにした。2番目のグループのヒナも、孵化後48時間以内に刻印装置の呈示を個別に受けた。45分のセッション6回というのも最初のグループと同じであった。ただし2番目のグループの場合、呈示されたのは刺激ではなく、中に何もない照明に照らされた刺激部屋であった。最初の6セッションが終了したところで、ヒナを個別の飼育装置に戻して1週間そのままにした。その上で、それぞれのヒナに、キーをつつかせる訓練を2日間行った。

　最初のグループのヒナには、キーに近づくたびに、以前と同じ刺激を1秒ほど呈示した。これでヒナがキーの近くにいるようになったら、キーをつつくような仕草をしたときにだけ、あるいは頭をキーに近づけたときにだけ刺激を呈示した。最終的にヒナがキーをつつくようになったら、自動的に刻印刺激が5秒間呈示されるようにした。その後はヒナがキーをつつくたびに刺激を5秒間呈示した。

第２のグループのヒナ、つまり何もない刺激部屋が呈示されたヒナには２種類のキーつつき訓練を行った。一つでは、ヒナの行動がキーつつき行動に似ているときに刻印刺激を呈示した。これが、このグループのヒナがはじめて目にする刺激となる。もう一つの手続きでは、ヒナの行動がキーつつき行動に似ているとき、ライトを点灯させて何もない刺激部屋を呈示した。

　この実験の結果は極めて単純にまとめられる。臨界期のときすなわち孵化後48時間以内に刺激が呈示されたグループのヒナは、キーをつつくことを学習した。それに対して、もう一方のグループのヒナはそれを学習しなかった。

　これらの結果はPetersonの実験結果とまったく同じである。私たちの実験結果も、臨界期にある刺激を呈示しておくと、その刺激の呈示がヒナのキーつつき行動を形成して維持するための適切な強化となることを示した。しかし私たちの結果は、Petersonの実験結果を拡張したものとなった。刻印づけが起こると刻印刺激の呈示が強化となることはPetersonの結果と同じだが、この強化の効果が、ヒナが刺激と接触しなくても少なくとも1週間維持されることも明らかとなったのである。

　私たちの結果は、次の点でもPetersonの結果を拡張したものとなった。臨界期が過ぎてから刻印刺激をはじめてヒナに呈示すると、この刺激を強化子にしてキーをつつかせる訓練は不可能だったのである。このことから、Petersonや私たちが観察した刻印刺激の強化的な効果は、その刺激にヒナがあらかじめ刻印づけられていたからこそ生じたと結論できた。このことを、私たちは論文（Hoffman, Searle, Toffee, and Kozma, 1966）に次のように記した。

　私たちの実験結果は、強化子としての機能が刻印刺激にもとからあったというわけではなく、臨界期の出来事に由来するということを示している。（p.188）

ほとんどの読者は、この結論は明らかに私たちの実験結果から導き出されたと認めるだろう。しかし問題は、それが間違っていたということである。もちろん、そのころの私たちは間違っているとは思わなかった。それがなぜかを知ったのは、その数年後、いくつかの珍しい出来事が起こってからのことであった。その後の発展につながるヒントは、そのころ私たちが見逃していたいくつかの観察結果にあった。私たちの観察では、臨界期に刻印刺激が呈示されるとほとんどのヒナはすぐに動いている刺激を追いかけようとした。しかし臨界期が過ぎてはじめて刻印刺激が呈示されたヒナは、その刺激を追いかけるというよりもむしろ即座にその刺激から逃れようとした。この逃避反応が即座に現れる意味がわかったのは、ずっと後になってからであった。

　それでも、私たちの研究には2つの重要な結果があった。一つは、アヒルのヒナを適切に飼育することは可能だということ、つまり極めて重要な技術的な部分である。2番目に、Petersonと同じように、すでに刻印づけられている刺激を唯一の強化事象として呈示すると、ヒナにキーをつつかせることができるということを明らかにした。これによって私たちは、技術的な部分の用意ができただけでなく、後で示す通り、当時まだ問題とされていなかった刻印づけに関するいくつかの問題ももたらされたのである。

反応パターン

　次に私たちは、キーつつきによって刻印刺激にいつでも接近できるときに示される、ヒナの愛着行動のパターンを明らかにしようとした。訓練によってキーをつつけるようになった数羽のヒナを個別にテストした。これらのヒナは孵化後48時間以内に刻印刺激を呈示されていたヒナである。テストは1セッションであった。

　図3は、このセッションでヒナのキーつつき反応を記録するために使用した装置である。図4は、図3に示された記録の一部の詳細である。このセッションでは、刺激が呈示されていないときにヒナがキーをつつくと刺激が数

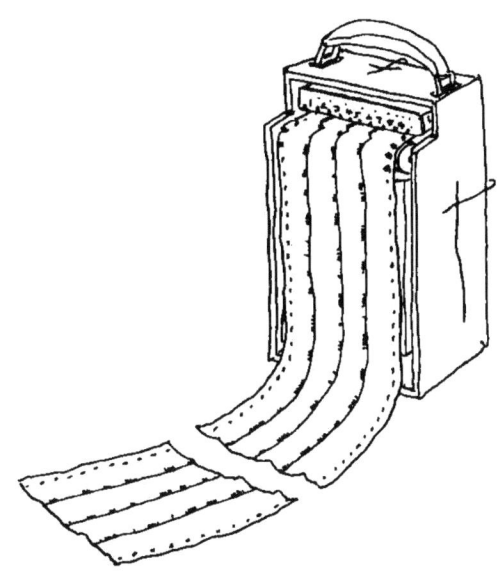

図 3　この研究での出来事の記録に用いられた 20 ペン動作記録計
記録計が、3 羽のヒナのキーつつき反応を同時に記録している。3 羽のヒナは別々の実験装置にいる。ヒナがキーをつつくと、それぞれのヒナに刻印刺激が 5 秒間呈示される。記録計のペンは、別の実験においては他の出来事の記録のためにも使われた。例えば、刻印刺激の呈示、ヒナのディストレス・コール（苦痛の声）、エサや水の摂取などである。記録用紙は、あらかじめ決められた速度で動く。所定の出来事（例えばキーつつき反応）が起こったとき、対応するペンは上方に約 3.2 ミリ移動し、反応が終わると、元の位置に戻る。このようにして、一本一本のペンが描いた線は、それぞれの出来事が起こったときと持続時間を正確に記録する。

秒間呈示された。しかし刺激の呈示中にキーをつついても、刺激の呈示が延長されることはなかった。図 4 のセッションでは、それぞれの刺激呈示時間は 5 秒間であった。他の実験では異なる刺激持続時間を用いることもあったが、基本的にはいつも同じ手続きが用いられた。つまり、刺激が呈示されていないときにキーがつつかれると、決められた時間だけ刺激が呈示され、刺激の呈示中にキーがつつかれても効果がなかった。実際には、刺激の呈示中にキーがつつかれることは滅多になかった。このため、図 4（この後で出てくるキーつつき反応の記録もすべて同様だが）でバーが密集して見える部分

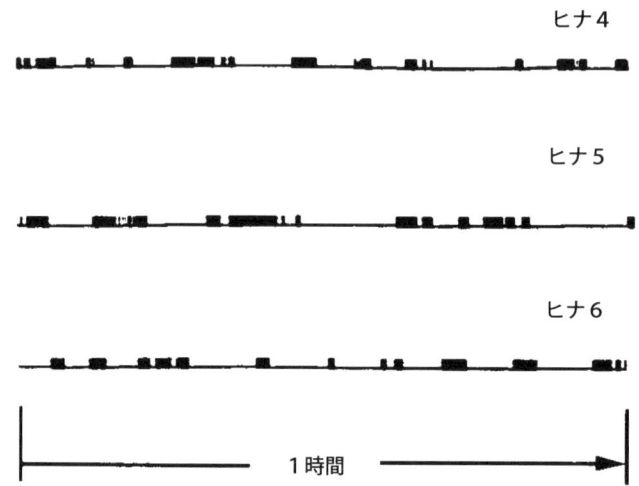

図4　3羽のヒナのキーつつき反応を1時間にわたって記録した結果
別々の実験部屋での3羽の行動を同時に記録したものである。個々のキーつつき反応は、刻印刺激の5秒間の呈示によって強化された。

は1回の刺激呈示の時間が長くなったのではなく、刺激が呈示されなくなると数秒以内にヒナがキーをつついたことを示している。

　キーつつき反応の唯一の結果は、動いているプラスチック製牛乳瓶をヒナが数秒間見ることができるということであった。図4の記録は、このときのアヒルのヒナのキーつつき反応を示している。このような状況でヒナがキーをつつくとは驚きであった。しかもかなり持続的にキーをつつくのにはびっくりさせられた。

　図5の記録は、孵化して間もない時期に呈示された刺激をヒナが見ようとし続けている、さらなる証拠である。この図は、アヒルのヒナが1日24時間約2ヶ月間刻印装置の中で生活したときの、キーつつき反応のパターンを示している。実験装置に入ったときから、ヒナは餌と水をいつでも摂取できた。またキーをつつきさえすれば、いつも15秒間刻印刺激を見ることができた。私たちは数羽のヒナでテストした（Hoffman and Kozma, 1967）が、

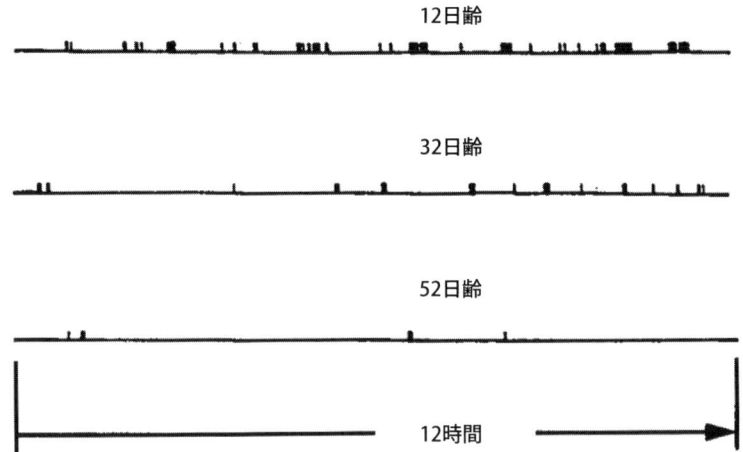

図 5　被験体Cが12日齢、32日齢、52日齢で示したキーつつき反応を12時間にわたって記録した結果
この期間には、個々のキーつつき反応に対して刻印刺激は15秒間呈示された。

彼らは同じように行動した。はじめのころヒナは、1日平均2時間少々刺激を見た。しかし2ヶ月齢になるころは、刺激を見た時間は1日平均10分に満たなかった。このころになるとヒナは十分に成長して羽も生え揃った。今までピーピーであった鳴き声もクワックワッという声に変わった。

　このような結果に、私たちは元気づけられた。鳥たちの一貫したつつき反応は、私たちが調べようとしていた極めて重要なもの（少なくともアヒルのヒナにおいて）を、まさに示していたのである。しかし実験結果のある側面に私たちは頭を痛めた。図4と図5が示すように、ヒナはいつも、堰を切ったようにバーストで（立て続けに）反応したかと思うと、比較的長時間反応しなくなるということを交互に繰り返しているように見えた。私たちは当初、これは単なるランダムなデータの集まりだろうと思った。しかしこの記録を統計的に分析したところ、これらのバーストは単なる偶然によって生じたものではないことがわかった。キーをつつく確率がどの時点でも一定である場

合、反応集合が生起する可能性はあるが、30秒という短時間の場合、ヒナがつつく可能性はその前の30秒間のキーつつきの有無にかかわらず同じでなければならない。しかし記録データを30秒きざみに分けて反応確率を計算したところ、ある時間間隔のときにヒナがキーをつつく可能性は、その前の時間間隔でヒナがキーをつついていたときの方がそうでないときよりもかなり高いという結果となった（反応確率は、それぞれ0.73と0.29であった）。

　この奇妙な反応パターンの原因が、私たちにはわからなかった。いろいろな方法でデータを分析しても、この疑問に答えてくれる光明を見いだすことはできなかった。刻印刺激に対するヒナのバースト反応は、いつでも餌を摂取できるときに動物が示す食餌行動のバーストと似ているのかもしれないとも考えた。限度はあるものの、動物は、餌を食べていない時間が長くなるほど、餌をたくさん食べる。アヒルのヒナが刻印刺激を求める傾向は、これと似た傾向ではないかと思った。そうであるなら、長い間刻印刺激との接触がなければ、その後のバーストは長くなるはずである。こう考えてデータを注意深く分析したが、そのような関係は認められなかった。それ以外にも考えられるいろいろな関係を調べてみたが、何も見つけることはできなかった。アヒルのヒナはバーストで反応するのだが、それがなぜなのかわからないままであった。

　結局、この一貫した行動パターンの理由はわかったが、臨界期に関して下した間違った結論と同じように、実際に何が起きているかが明らかになるまで数年間が費やされた。その頃、こんなことがあった。

　研究がうまく進んでいるように思えたある日、私は学科長の研究室に呼び出された。行ってみると彼は次のようなことを言った。「Howard、君の実験室ではいったい何が起こっているのかな？　今日、昼食の時に学部長から、Hoffmanはなぜおもちゃの電車の購入注文書を何度も送ってよこすのかと尋ねられたんだが」

　「Hoffmanは6人の子持ちでもうすぐクリスマスだから、と学部長には説明しておいてください」と私は言いたかった。しかしそうは言わなかった。

確か、私たちの研究をちょっと説明して、学部長にはそう伝えておいてほしいと言ったと思う。おもちゃの電車の購入に関して学部長から口をはさまれることは二度となかった。しかしこの学部長は、心理学者というのは奇妙な連中だと思ったことであろう。

第3章

不快な状況にいるときのアヒルのヒナ

　キーつつき反応をはじめて形成しようとしたとき、ヒナは刻印刺激が呈示されていないと甲高いピーピーという声で鳴き続けることが多いということに、私たちは気づいた。アヒルのヒナは空腹のときや寒いとき、あるいは苦痛な状態にあるときにもこの声を出すので、これは嫌悪的な状態に対する自律的な反応のひとつと考えられている。このことからこの鳴き声は、ディストレス・コール（distress call; 苦痛の声）と呼ばれている（Hafez, 1958）。

ディストレス・コールを測定する
　孵化直後のアヒルのヒナのディストレス・コールを測定したところ、比較的強烈なものであった。ディストレス・コールの周波数帯域は、1秒につきおよそ3000サイクルから4000サイクルであった。（ピアノの中央のハ音の周波数は1秒につき256サイクルで、ほとんどのピアノは1秒につき約4000サイクルの音まで出る）。それを知って私たちは、3000ヘルツから4000ヘルツの音にだけ感応する特別な電気装置を設計して製作した。ヒナのディストレス・コールをこの装置が検出するたびに、自動的に電気スイッチ（リレー）が閉じるようにした。これで、いろいろな実験条件でのそれぞれのヒナのディストレス・コールを詳細に記録することができた。
　図6は、この装置で記録された3羽のヒナのディストレス・コールのパターンを示している。刻印刺激の呈示と非呈示が交互に繰り返されたときの、それぞれのヒナの記録である。各ヒナの記録で上に描かれている線はディスト

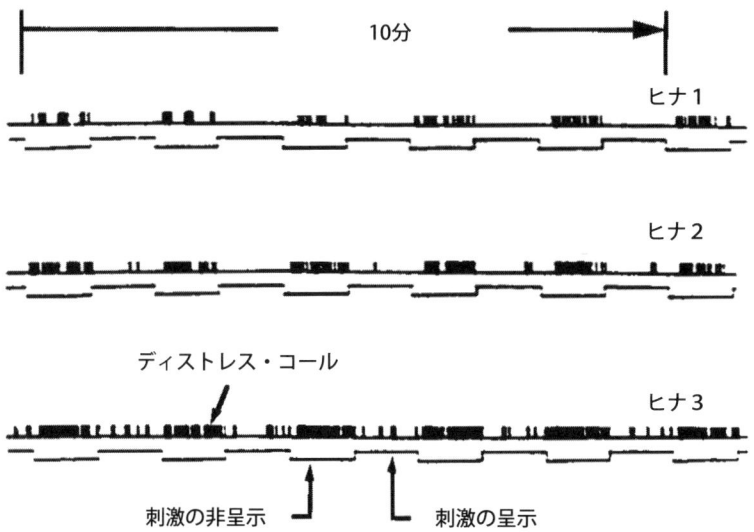

図6　刻印刺激の呈示と非呈示が交互に繰り返されたときのアヒルのヒナの
　　　ディストレス・コール
　　この実験セッションの前に、それぞれのヒナは長期にわたって刻印刺激を呈示
　　されていた。

レス・コールを記録している。下の線は、刺激の呈示と非呈示の時期を示している。ヒナはおよそ5日齢で、孵化後48時間以内に、刻印刺激を2時間ほど呈示されていた。

　私たちは装置がきちんと作動していることに満足した。この装置は、ヒナの音声反応を正確に拾い信頼できる装置であることがわかった。音声反応を詳細にしかもわかりやすく記録できるものであった。その上、音声反応を客観的な方法で測定し、たやすく定量化できる装置であった。これはきっと役に立つと思った。この装置で記録したデータを分析すれば、われわれが知りたいことが明らかになると思った。

　最初にわかったことは、刺激が呈示されるとヒナはすぐに鳴き止むが、刺激が取り除かれたときディストレス・コールを発するまで数秒かかるということであった。

もちろんある程度の個体差はあったが、概して、刺激が呈示されることと取り除かれることは幼いヒナの行動に重要な影響を与えた。実際、刻印刺激によるディストレス・コールへの制御は、私たちがそれまで見てきたあらゆる行動的効果と同じくらい完璧に近いものであった。ただしこの制御は、それまでのものとは逆のようだと思った。ほとんどの場合、反応は刺激が呈示されたときに誘発される。それに対してディストレス・コールは刺激が取り除かれたときの反応であり、刺激が呈示されると終了する。

　ある研究（Hoffman, Stratton, Newby, and Barrett, 1970）で、「ヒナが刻印刺激を受けている間、その刺激がディストレス・コールを制御し始めるのはいつか？」ということを問題にした。例えば、刻印刺激がヒナの苦痛を軽減するためには、それ以前にヒナが刻印刺激と関わる必要があるのだろうか？

　この問題に答えるため、私たちは孵化の過程を注意深く観察した。中のヒナが今まさに孵化しようとするときに発するピーピーという鳴き声（ピップマーク）が確認されたとき、その卵を金属製の小さな箱の中に置いた。その箱の上と下には穴があり、ここを通して空気は循環した。ヒナが殻から出ればその箱の中に出てきたことになり、ヒナはテストを受けるまでその中で干渉されずにいた。

　殻からヒナが出ておよそ17時間が経ったところで、この閉じられた箱（ヒナと卵の殻が入っている）を、孵卵器から被験体部屋の中央にすばやく移した。長いひもと滑車を使って遠隔操作で、その箱を床と分離して持ち上げた。したがって、箱の中での経験を除くと、ヒナがはじめて経験する視覚刺激は、箱が持ち上げられたときに生じた。図7はその状況を示している。

　数羽のヒナには、箱が持ち上げられる数秒前に刻印づけの刺激を呈示し、その刺激が1分間見えるようにした。他のヒナには、箱を持ち上げてから1分経ったところで、はじめてこの刺激が見えるようにした。その後は、どちらのグループのヒナに対しても、20秒間隔で刺激を呈示し取り除いた。2つのグループの基本的な違いは、箱が持ち上げられた直後に刻印刺激が見えるか、1分たってから見えるかということであった。

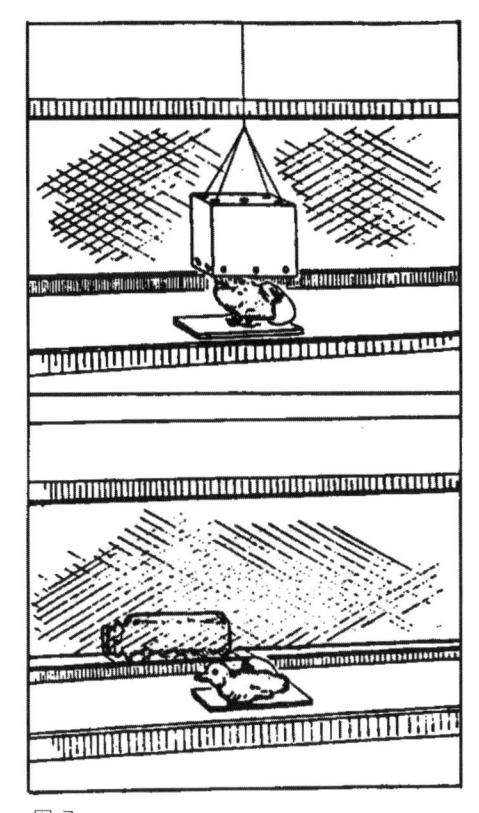

図 7
上の絵は、刻印刺激が呈示されていない状態で孵化箱が取り除かれた 17 時間齢のヒナの様子である。下の絵で、そのヒナがはじめて刺激を呈示されている。どちらの絵でも、ヒナのそばには卵の殻がある。

　図8の上の部分は、箱が持ち上げられたときに被験体部屋だけを見たヒナ、つまり刻印刺激の呈示を受けなかったヒナの、ディストレス・コールを示している。この条件のヒナは、装置にはじめてさらされたとき、つまり箱が持ち上げられたときに、ディストレス・コールを始めた。しかし多くの場合、その後で刻印刺激がはじめて呈示されると、ほぼ速やかにディストレス・コールを止めた。その後、刻印刺激が取り除かれると、概して2秒から5秒以内にディストレス・コールを始めた。しかし一般的に、このヒナたちは、刻印

刺激が再び見えるようになると1秒以内にディストレス・コールを止めた。

　図8の下の部分は、孵化箱が持ち上げられてすぐに刺激を目にしたヒナの記録である。これらのヒナは、刺激がはじめて取り除かれるまでディストレス・コールを発することはなかった。しかしその後、彼らは図8の上の部分で示したヒナと同じディストレス・コールのパターンを示した。

　2つのテストでのヒナの行動を観察したところ、刻印刺激がはじめて呈示

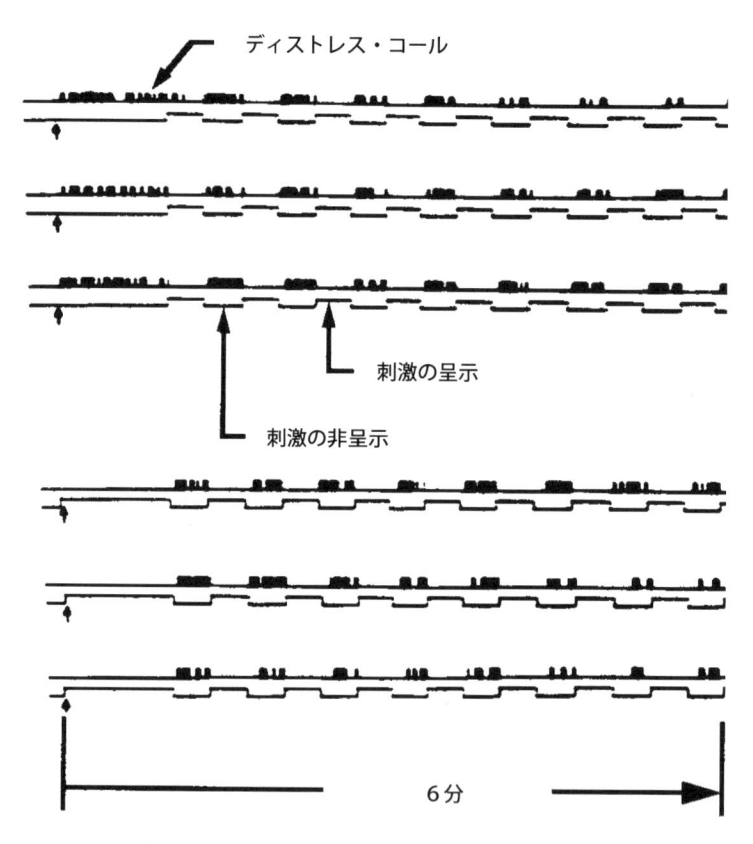

図8　刻印刺激がはじめて呈示されたときと、その後この刺激の呈示と除去が繰り返されたときの、6羽のヒナの記録
　各記録での上の線の上方へのペンの変位は、ディストレス・コールの発現を示している。下の線の上方へのペンの変位は、刺激の呈示を示す。矢印は、孵化箱が取り除かれたときを示している。

されたときに鳴き止むのは、恐怖反応や凍結反応（freezing response）によるものではないということがわかった。ヒナは刺激にかなり注意を向けていたし、頻繁に刺激に近づきそれを追いかけようとした。したがって私たちの疑問、すなわち刻印刺激がディストレス・コールを制御し始めるのはいつかという問題に対する答えは、この実験条件のもとでは以下のようになる。それまで発せられていたディストレス・コールは刻印刺激の最初の呈示で即座に止まり（図8の上の部分で示されている）、ディストレス・コールが発せられる前に刻印刺激が呈示されるとその発現は抑えられる（図8の下の部分で示されている）。

　私たちは、専門的な問題と言えそうな問題を調べるための多くの研究も行った。ある一連の研究（Hoffman, 1968）では、どの要因によって刻印刺激がディストレス・コールを制御するようになるのかを明らかにするための実験を行った。例えば、刻印刺激を呈示するときや除去するときに必ず生じている点灯や消灯がヒナの声を制御する可能性はないか、と思った。これを明らかにするため、刺激部屋の照明を点灯させたままにしてみた。この場合の刺激を取り除く方法として、装置の中に障害物を置き、刺激がヒナから見えなくなるときがあるようにした。その結果ヒナは、障害物で刺激が見えなくなって数秒後に鳴き始め、刺激が再び見えるとすぐに鳴き止んだ。このことから、刺激の呈示と除去に伴う点灯と消灯は、ヒナの鳴き声を制御する重要な要因ではないことが明らかになった。何が重要な要因か、その要因は一つだけなのか、ということはもちろん明らかになったわけではない。刻印刺激から生じるシグナルに関する何かがヒナの行動を力強く制御していることは、明らかであった。それが何であるのかがわかったのは、その数年後に刻印づけそのものの分析に注意を向け始めてからのことであった。その時まで私たちは、刻印づけそのものの研究をするというよりも、刻印づけを社会的愛着を調べるための道具として使用することに関心があったのである。

第4章
刻印づけにおける反応随伴性

　「反応随伴性」という言葉は、ある行為と、その環境内でのそれに続く出来事の生起との関係を述べたものである。その出来事がその行為に何らかのかたちで依存して起こっているなら、その出来事は「反応に随伴している」と言われる。キーをつつくことをヒナに訓練したとき、ヒナの行動がキーをつつく反応に近ければ、私たちは刻印刺激である白いプラスチック製牛乳瓶をヒナに呈示した。ヒナが実際にキーをつつくようになると、刻印刺激の呈示はヒナの反応に随伴するようになる。このような反応随伴性があれば、ヒナはキーをつつき、その反応を維持する。したがって、刻印刺激の呈示がパワフルな強化的効果を持つことは明らかであった。

　私たちは最も初期の頃の研究の中で、刻印刺激の呈示をヒナのディストレス・コールに随伴させたらどうなるかを調べようとした。つまり、動いている牛乳瓶を呈示する前にディストレス・コールを発するようヒナに求めるとどうなるか、ということである。このような操作はディストレス・コールを強化するだろうと、私たちは考えた。実際そのような結果になったなら、私たちは普通のヒナをやたらと鳴き続ける（泣き虫？）ヒナにしたことになる。ちょうど、以前にキーをやたらとつつき続ける（働き者？）ヒナをつくったのと同じように。

　この問題を調べるための最初のステップとして、約20羽のヒナを個別に孵化させ、刻印づけの訓練を行った。刻印刺激をヒナが3時間ほど受けた後、テストを行った。刺激を取り除くとディストレス・コールを発し、刺激が再

呈示されると鳴き止むか、を調べるためのテストである。その後、この反応傾向が類似したヒナをペアにした。これによって、ディストレス・コールのパターンが同じ傾向のペアが何組かできた。その後のテストでは、このペア同士の行動を比較した（Hoffman, Schiff, et al., 1966）。

　ペアのヒナがそれぞれ異なる場所で同時にテストを受けられるように、2つの装置を用いた。2つの装置は防音した隣り合わせの部屋に置いた。それぞれのヒナには、もう1羽のディストレス・コールは聞こえなかった。両者の重要な違いは次の点であった。一方のヒナがディストレス・コールを発すると、自動的に刻印刺激が5秒間このヒナに呈示された。それと同時に、この刺激は隣の部屋にいる他方のヒナにも呈示された。隣の部屋のヒナのディストレス・コールが記録されたが、刻印刺激の呈示と非呈示には影響されなかった。このような手続きはヨーキング（yoking; 連動）という。これによって各ペアの2羽のヒナは同じ時間間隔で同じ回数の刺激呈示を受けたが、一方のヒナにはディストレス・コールに随伴して刻印刺激が呈示され、他方のヒナ（連動条件のヒナ）にはディストレス・コールに関係なく刺激が呈示された。

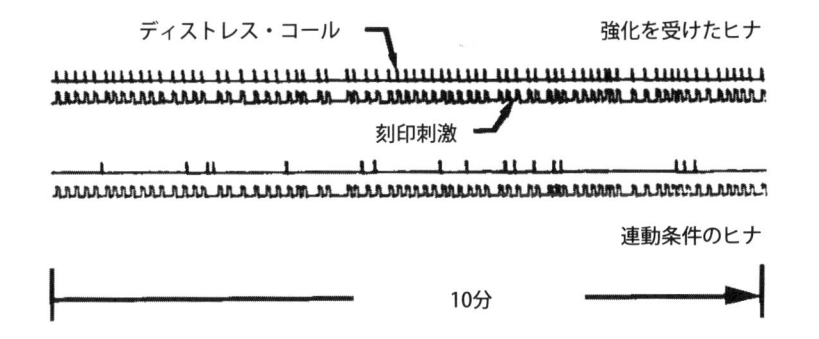

図9　強化を受けたヒナのディストレス・コールと連動（yoking）条件のヒナのディストレス・コールの違いを示した記録
　この条件では、刻印刺激の呈示のタイミングと呈示時間は2羽ともまったく同じである。ただし刻印刺激の呈示は、強化を受けているヒナのディストレス・コールによってのみ決定された。

図9は、この実験でのペアのヒナの記録である。強化を受けたヒナのディストレス・コールの出現頻度は、比較的高かった。それに対して、連動条件のヒナのディストレス・コールは比較的少なかった。ここで興味深いのは、どちらのヒナも刻印刺激をまったく同じ回数、同じ時間間隔で見たのに、行動にこのような際立った違いが生じたということである。図9で、2羽のヒナへの刺激呈示がまったく同じであることに注目していただきたい。このヒナたちは、一方が自分のディストレス・コールで刻印刺激が呈示され、他方は自分の反応に関係なく刺激が呈示されたという点だけが違っていた。

　ヨーキングを受けた各ペアのヒナたちは、図9のペアと同じような違いを示した。したがって、私たちがはじめに予想していたことは正しかったと言えるだろう。ディストレス・コールに随伴させて刻印刺激を呈示すると、この声をヒナが自発する傾向は高まる。刻印刺激はパワフルな強化子なのである。

　この結果には子育てに関する重要な示唆が含まれていると、私は考えている。強化を受けたヒナと同じように、子どもがめそめそ泣くたびに親がいちいち対応していたら、このデータが示すことが起こるであろうことを、考えてみよう。最も可能性の高い結果は、すさまじいほど泣き叫ぶ子どもになるということである。当時の私は何人かの小さな子どもたちの父親であり、子どもがこのような泣き虫にならないように注意しなければならないと思った。それでは、泣いている子どもにはどのように対応したらよいのだろうか？

　実験データに基づけば、子どもを泣き叫ぶ子にしない最良の方法は、彼らの要求に頻繁に注意を払うことだが、それを彼らの泣き声とは関係なく行うことであろう。

　なぜこの方法が効果的かについてのヒントは、これまでに示したいくつかの記録の中にある。図6と図8をご覧いただきたい。刻印刺激が呈示されると、普通ヒナは即座に鳴き止む。刻印刺激が取り除かれると、通常5秒以上経過してから再び鳴き始める。この時間的なずれが、連動条件のヒナのディストレス・コールが少なかった理由を決定づける重要な要因であるように、

私たちには思えた。もう一方のヒナ、すなわち強化を受けたヒナは、ディストレス・コールを発する傾向が非常に強かった。そのため、刻印刺激が5秒から10秒の長きにわたって取り除かれることは滅多に起こらなかった。その結果、連動条件のヒナの場合、普通ならディストレス・コールのきっかけとなる情動的な状態に陥る前に刺激が再び呈示されていたにちがいない。

情動的なディストレス・コールと操作的なディストレス・コール

　上で述べた推測が妥当であるなら、強化されたディストレス・コールは情動を伴わずに生じている可能性がある。つまり、通常ディストレス・コールを発するとき、ヒナはこれに関連した情動を経験するのだが、強化を受けたヒナはこの情動とは関係なく鳴いているのかもしれない。この可能性は、キーつつき反応によって刻印刺激を生み出すように訓練されたヒナはディストレス・コールをほとんど発しないという事実と一致する。また、反応がなくて刻印刺激が呈示されないとき（数分間に及ぶ場合もあった）でも、ヒナはディストレス・コールを発しなかったという事実とも一致する。

　強化を受けたヒナのディストレス・コールと連動条件のヒナのディストレス・コールを比べてみたが、音声的な違いはなかった。特別な電気的な装置で調べても、違いはなかった。したがって、反応トポグラフィー（形態）上の違いは見いだせなかった。しかし、反応トポグラフィーで違いがなくても、機能的な違いがあるときがある。Hart et al.（1964）は、子どもの泣き声でそのような違いを報告している。彼らは、B. F. Skinner（1938）が提唱した分類に従って、子どもの泣き声をレスポンデントとオペラントの2つの反応クラスに分類した。レスポンデントの泣き声はなんらかの苦痛、あるいは嫌悪的な状況によって生じる泣き声であり、オペラントの泣き声は注目を得る手段としての泣き声である。Hartらは、強化によって「最初レスポンデントであった泣き声がオペラントの泣き声に変わる」と指摘した。子どもが泣くと母親が来る。すると子どもはさらに泣く。母親は子どもの泣き声の強化子である。強化子である母親を刻印刺激に置き換えれば、私たちの実験結果

はHartらが指摘したのと同じ効果を示していると言えるだろう。

　次に述べる2つの観察記録も、この考え方と一致する。まず、消去のときの記録である。キーをつつけば刻印刺激にいつでも接することができるヒナはめったにディストレス・コールを発しないが、彼らにディストレス・コールを再び自発させることはできる。ヒナがキーをいくらつついても刻印刺激を呈示しなければいいのである。このように強化を中断することを、専門的には消去手続きと言う。図10は、キーつつき反応がバーストで生じている真最中にこの消去手続きを行ったときのキーつつき反応と刺激呈示、そしてディストレス・コールの典型的な出現パターンである。これは、図4と同じヒナから得られた記録である。しかし図10では、キーつつき反応だけでなくディストレス・コールと刻印刺激の呈示も記録されている。消去時を除けば、このヒナはほとんどディストレス・コールを発していない。はじめて消去が行われると、キーつつき反応の時間的な割合（これを反応率という）は急激に増加した。しばらくするとディストレス・コールはかなり増加している。消去を続けると、キーつつき反応は減少し始めたが、ディストレス・コールの出現率はかなり高いままであった。キーつつき反応で刻印刺激を再び呈示するまで、これは続いた。

　もう一つの観察記録は、キーつつき反応の訓練を始めた頃に見られた行動現象である。ヒナは自らキーをつつき始めたが、その反応がまだ十分ではなかった頃、キーをつついていないときにディストレス・コールを数秒間発することがときどきあった。すでに何回もキーをつついていても、刻印刺激が取り除かれると、キーをつつかずにディストレス・コールをときどき発したのである。このコールは次の反応が起こるまで続いた。キーをつついて再び刺激が呈示されると、ヒナは鳴かなくなった。

　この奇妙な行動パターンは、キーつつき訓練のはじめの数分間に起こっただけであった。またすべてのヒナでなく、一部のヒナがそれを示したに過ぎない。にもかかわらず、この行動とはじめて出合って、私たちの目はくぎづけとなった。実際、私たちはこの行動パターンに非常に興味を持ち、当時

```
                    ディストレス・コール
        刺激呈示
        キーつつき反応

                            消去
                      ├─────────┤
              ├──────────3分──────────┤
```

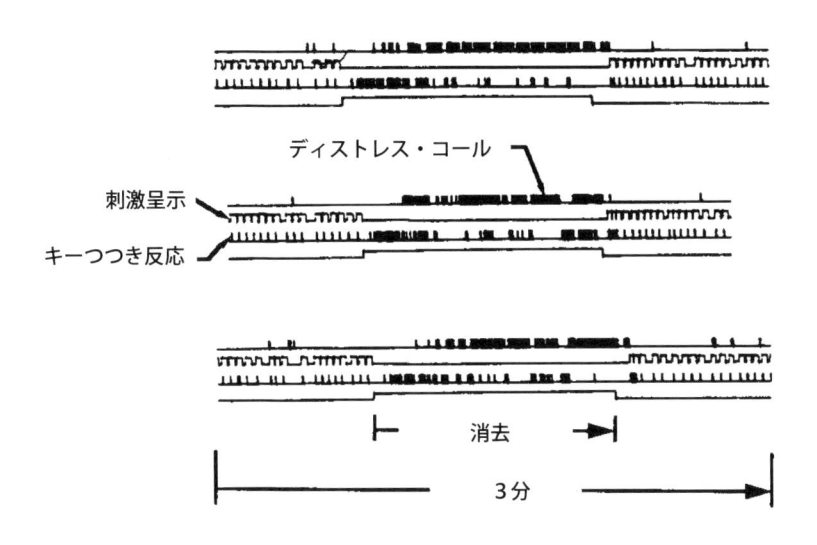

図10　消去中のキーつつき反応とディストレス・コール
　消去が行われているときは、ヒナがキーをいくらつついても刻印刺激は呈示されない。

制作中であった映像の中にこの行動パターンを収めようと一生懸命になった（Hoffman, 1970）。その理由は極めて単純であった。この反応パターンは、「セルフコントロール」という言葉が最適な、最も印象に残る実験的証拠であった。実際には、ヒナの情動行動（ディストレス・コールとして表れる）は、刻印刺激の呈示と除去によって制御されていた。しかし、刺激の呈示と除去はヒナの行動によって決定されているのだから、ヒナの情動行動は、ある意味でヒナ自身によって制御されているのである。この行動パターンを見て映像として保存したことは、私にとって重要な出来事であった。なぜなら、「セルフコントロール」のような複雑な行動をも含むすべての行動は、研究者が十分に賢明（もしくは幸運）ならば、実験的に分析できると確信できたからである。

刻印づけと弱化

　ここまで述べてきた研究結果から、刻印刺激の呈示がヒナの特定の反応に

随伴するなら、この刺激の呈示は強化事象として機能することが明らかとなった。つまり、刻印刺激の呈示をもたらす行為は、その刺激が呈示されることでますます頻繁に起きるのである。私たちは、あるとき次の問題について考えた（Hoffman, Stratton, and Newby, 1969）。ヒナがある行為をしても刺激を呈示せず、その刺激を取り除いたらどうなるかということである。これは、ヒナの反応に随伴させて刻印刺激を取り除くという操作である。この操作は弱化として機能するのだろうか？

　この問題を調べるために、刻印づけがすでに行われているヒナを実験で用いた。そのヒナたちは、装置の中で動いている刺激瓶によく追随するヒナであった。ヒナが刺激に追随するたびにフォトセル（光電池）の光線を切断することによって、ヒナの追随行動を弱化しようとした。ヒナが光線を横切ると、刺激を8秒間取り除いた。したがって、刻印刺激に追随するたびに、刺激は自動的に短時間取り除かれた。ヒナが刺激に追随しなければ、刺激は呈示されたままである。

　この効果は明らかであった。刻印刺激に追随して刺激が取り除かれると、すべてのヒナは刺激への追随を速やかに止めた。しかし、刺激を無視したわけではなかった。それどころか、ヒナは10分から15分の間、牛乳瓶が行ったり来たりするのをじっと静かに座って見ていた。しかし最後には、その刺激に再び追随しようとした。このときもし弱化の随伴性が終了していれば、つまり刺激が取り除かれることなくヒナがそれに追随できるなら、再び弱化が実施されるまでヒナは刺激に追随し続けた。しかし弱化の随伴性がまだ有効で、追随によって刺激が取り除かれたら、さらに10分から15分の間、ヒナは再び座り込んだ。私たちの予想どおり、ヒナの反応に随伴させて刻印刺激を取り除く操作は、確実に弱化となることがわかった。

　読者には、これは当たり前だと思われるかもしれない。そもそもこのような状況で、ヒナには他に何ができるというのか？　この実験や他の行動的実験でこのように考えるときの問題は、たとえ考えると当たり前のように思える結果でも、私たちが実際に目にしている結果は、普通、多くの起こりうる

結果のうちの一つでしかないということである。どの結果も、等しく当たり前に見えたかもしれない。例えば、刺激を呈示しても取り除いてもアヒルのヒナの追随行動は変わらないと考えていたなら、それをおかしいと思っただろうか？　ある実験を適切に計画して正確に実施したなら、起こりうる結果のどれが正しいかが明快にわかる。私たちの実験は、まさにそのような実験であった。

　この一連の研究が私たちにもたらした興奮を、言葉で伝えることは難しい。New School for Social Research で学部生時代を、ブルックリン（Brooklyn）大学とコネチカット（Connecticut）大学で大学院生時代を送った私は、行動は法則的であり、実験室で行動を正しく分析できれば、その原理（法則）の何かを理解できる、と考えるようになった。行動とは不規則なもので、Pavlov が研究した反射のような行動を除けば、せいぜい特定の状況で普通は何が起こるかといったことがわかる程度だと、ほとんどの人と同じように私も心理学を学び始めた頃は考えていた。そこで私が学んだことは、一見つじつまの合わないデータのかたまりから意味のある規則性を導き出すための統計学的方法であった。

　しかしここで起こったことは、それとは異なるものだった。私たちが見たことは、Clark Hull（1943）や B. F. Skinner（1938）が指摘した、すべての行動の基礎となる体系的な過程といえるものだった。この開拓者たちの著作を私は入念に調べ、学生たちにもそうさせた。私たちは、Hull や Skinner が論じた強化や弱化の効果をまさに目にしたのだ。さらに、このような効果は統計的なグループ平均で示されたわけではなく、わずか数日齢の一羽一羽のアヒルのヒナで示されたのだ。これらのヒナにとって重要な出来事は、透けて見えるスクリーンの向こうで行ったり来たりしているわけのわからない物体を見てそれを追いかける機会を得ることであった。私たちは、この幼い被験体たちの原初的な行動過程の本質を垣間見る機会を与えられているようであった。

くしゃみをする軽業ネズミの話

　このような研究を行っているとき、地元の哲学同好会で講演をすることになった。この同好会の顧問からは、行動における強化の役割について話すように求められた。私は「喜んで」と応じ、「受講生の皆さんが忘れられないほどの強化のパワーをお見せしましょう」と言った。その話は1ヶ月ほど先の予定だったので、学生たちの手を借りられたら、同僚の Thom Verhave がある学会で言っていた曲芸ができると思った。専門的な話をしている最中に彼は、「ためしに訓練してみたら、ネズミをブランコに乗せることができたよ」と言った。「どうやって？」と私は彼に尋ねた。彼は、「簡単さ」と答えた。まず、ブランコの横木を床から約1.3センチ以内にして、ネズミがあちこち動き回っていてたまたま前足の一方が横木に触れたら餌を呈示し、その反応を強化した。この行動がある程度きちんと起きるようになったら、次第に横木を高くした。そしてネズミが餌をもらうための条件を次第に厳しくしていった。最終的にネズミは、跳び上がってブランコをつかみ、2〜3回揺らすようになった。

　学生と一緒にネズミのブランコ乗りの訓練を始めてみると、それは思ったより簡単だった。その頃までに、私たちはある反応を強化することがかなり上手になっていた。強化の即時的でパワフルな効果を十分に知っていた。最初は、ブランコの横木にネズミの前足の片方が触れたときだけ餌を与えた。その後、横木を次第に高くした。約1.3センチずつ高くし、最終的には触れるために背伸びをしなければならない高さにした。これが普通にできるようになったら、両前足で横木に同時に触れ、しばらく棒をつかんでいたときに、餌を与えるようにした。その後、横木を少しずつ高くして、強化の基準をさらに厳しくした。ネズミが餌をもらうにはつま先立ちをしなければならなくし、さらに、少し跳んで横木をつかんでいなければならなくした。この頃になると、ネズミは横木をときたま揺らすようになったが、それはややいい加減なものであった。最終段階では反応要件をさらに厳しくし、ネズミの反応を刺激性制御（stimulus control）のもとに置いた。この段階で、反応が強化

されるためには、ネズミは実験箱の中でランプが点灯するのを待ち、点灯したら30センチほど跳躍して両前足でブランコをつかまえ、少なくとも2回揺らさなければならなかった。

　訓練の間中ランプを点灯していたが、ネズミが難なくブランコを揺らすようになって、はじめてランプを消した。その後は、明かりが消えているときにネズミがブランコを揺らしても強化しなかったが、点灯しているときにブランコを揺らしたらいつでも餌を与えた。このようにすることで、明かりがついているときにブランコに跳びつくネズミになった。もし明かりがついていなければ、ネズミはあたかもブランコ揺らしの出し物の合図を待っているかのように、ランプをしばらく見つめていた。このデモンストレーションを見せたとき、哲学クラブの人たちにはきっとそのように見えたと思う。私は、「合図を出すと（実験箱のランプを点灯すると）、ネズミは宙に跳んでブランコをつかんで数回揺らします」と告げた。そしてランプをつけた。するとネズミは熟練したパフォーマンスを実行し、見ていた人たちは歓喜と当惑を感じたに違いない。このデモンストレーションをさらに数回繰り返した後で、強化の特性と、行動の制御における強化の役割について説明した。まず、このパフォーマンスをさせるのにどのようなことをしたかを説明した。つまり、形成したいと思っている最終行動に少しずつ近づくよう体系的な強化を注意深く準備したということである。この手続きがうまくいったということは、たった1回の適切な強化が行動にもたらす効果は即時的かつ自動的であること、その効果がかなり大きいことを示している、と私は指摘した。強化にそのような効果がなければ、ネズミはその行為を繰り返さなかっただろうし、このパフォーマンスに必要な複雑な行動系列を形成できなかっただろう。

　私はクラブの人たちに、ネズミのパフォーマンスの奇妙な側面に目を向けるようにとも求めた。ネズミがブランコに跳びつく直前に小さなくしゃみをすることに、私は以前から気づいていた。注意して見ていなければ気づかないだろうが、指摘されれば明らかなくしゃみであった。説明の中で私は、このネズミは反応形成の手続きの初期におけるいずれかの時点でくしゃみをし

たのだろうと言った。このくしゃみ行動の直後に強化が起こったら、この動物がくしゃみ行動をする傾向は、そのとき意図的に強化している別の行動をする傾向と一緒に促進されるであろうと、私は指摘した。もしそのネズミが強化の直前にまたくしゃみをしたら、くしゃみは最終的に形成される行動の固有の一側面になるはずである。このネズミの行動と、野球でピッチャーがワインドアップしてボールを投げる直前にしばしば示す一連の独特なジェスチャーの比較をした。帽子や額を触ったり胸で指をぬぐうといった行動である。意味のない行動であるが、ボールを投げるたびに起こる。私は聴衆に、このような行動は迷信的だと指摘した。迷信行動（superstitious behavior）が起こるのは、強化の効果が即時的で自動的で、力強いためだと、私は述べた。野球選手の場合、何気ないジェスチャーの直後にすばらしい投球をしたかもしれない。この出来事による強化が十分にパワフルであるなら、そのジェスチャーは繰り返され結局、投球動作の固有の一側面となるだろう。ネズミの場合、たまたましたくしゃみが強化の効果によってブランコ揺すり行為の一部分となったのである。

このちょっとしたエピソードを紹介したのは、行動についての私たちの見解が、実験室で目にした出来事によってどのように形成されたかを、これが示しているからである。前に述べたように、行動は法則的であり、その法則は実験室での研究によって明らかにできると、私は確信していた。くしゃみをする曲芸ネズミのエピソードは、この確信を強めたのである。

第5章

イギリスでの学会

　1970年に私はペンシルベニア州立大学（Pennsylvania State University）を去り、ブリン・モア大学（Bryn Mawr College）心理学科の教授になった。翌年、イギリスのダーハム大学（University of Durham）での刻印づけに関する国際会議に招かれた。その数年前、学習に関する会議に出席するために私はイギリスを訪れたことがあった。そのとき、レスター大学（University of Leicester）の Wladyslaw Sluckin を訪問する機会を持った。刻印づけに関する著書（Sluckin, 1965）を読んで以来ずっと、私は彼に会うことを望んでいた。その本では、刻印づけがとても参考になるかたちで論じられていた。旅立つ前に私は手紙を出し、彼の実験室を訪れてもいいかどうかと尋ねた。嬉しいことに、彼は私を招待してくれた。

　Sluckin と彼の妻 Alice が、私を歓迎してくれた。私は、大学の近くにある彼らの家で1晩か2晩を過ごした。Alice Sluckin はソーシャルワーカーであった。夫と同じように彼女も、社会的きずなの形成にかかわる現象について、かなりの知識を持っていた。私たち3人は、刻印づけやそれに関連したあらゆる種類の話題で、活気に満ちた楽しい時を過ごした。Sluckin 夫妻は第2次世界大戦中にポーランドからイギリスに移り住み、私と同じようにナチの考え方に強い反感を抱いていることも知った。私は第2次世界大戦のヨーロッパ戦線で、迫撃砲の戦闘員として、1年間の戦闘を生き延びた。そして私はこのとき、Sluckin と同じように、ナチのイデオロギーが世界にもたらした有害な影響を直接知った。このようなことを語るのは、この共通の

経験によって私たちは、家族ぐるみの友情を長くはぐくむことになったからである。数年後に Sluckin 夫妻と子どもたちが、ブリン・モア大学近くの私の家に滞在した。さらにその数年後には、私は休暇の家族旅行でイギリスへ行き、Sluckin 家にもお邪魔した。

ダーハム大学で行われた 1971 年の刻印づけの会議で、私たちはさらに親睦を深める機会を持った。また、世界中から集まった多くの生物学者、動物行動学者、心理学者たち、そして Konrad Lorenz とも会う機会を持った。皆、刻印づけになみなみならぬ興味を抱いていたが、分析はそれぞれ独自の方法を使っていた。図 11 は、この会議に出席した研究者たちの写真である。

私の隣が Martin Schein である。彼は何年も前のある晩、七面鳥の性的刻印づけのデモンストレーションを見せてくれたが、これがきっかけとなって、私はこの領域にのめり込んだのだ。七面鳥を見せてくれた直後に、彼はウエスト・ヴァージニア大学（University of West Virginia）に移った。この会議で、私は旧友と時を過ごす喜びも味わった。

上段の右端に立っているのが Patrick Bateson である。ケンブリッジ大学における彼の研究では、私の研究と同じように、いつも実験的方法が用いられていた。彼は最新の研究成果を語るためにブリン・モア大学を訪れたとき、Sluckin 一家と同じように、私の家に滞在したことがあった。

1989 年に私は、刻印づけに関する 2 回目の国際会議に出席した。その会議は、オランダのグローニンゲン大学（University of Groningen）で開かれたが、Bateson はこのときも出席していた。私がわざわざこう書く理由の一つは、この 2 回の会議の間には 18 年が経過しており、その間に刻印づけの見解がかなり変わっていたからである。

最初の会議では動物行動学者がもてはやされた。Lorenz は彼らの王であった。何人かの参加者は、彼に媚びへつらっていた。私は、そのような場面を、自然科学の会議ではじめて目にした。ある若い動物行動学者は、会議のほとんどの時間を、Lorenz の写真を撮ることに費やしていた。Lorenz が人参を食べている写真、水を飲んでいる写真、そしてもしちゃんと写っていたなら

図11 イギリスで開かれた会議
上段左から H. S. Hoffman、M. W. Shein、A. E. Salzen、F. Schultz、P. P. G. Bateson。中段左から K. Immelman、G. Gottlieb、N. Bischoff、S. J. Dimond、G. E. Macdonald、H. B. Graves、W. Sluckin。下段左から E. Fabricius、F. V. Smith、E. H. Hess、K. Lorenz、G. J. Fischer、L. J. Shapiro。

ば身体を掻いている写真も、彼は持っているはずである。

　学会でLorenzと同席することは興味深かったが、当惑もした。その名声（彼は1973年にノーベル賞を受賞した）とうらはらに、彼の見解は風変わりで、さまざまな点で非科学的であった。最も当惑したのは、私や他の研究者たちが収集した実験的な研究のデータが何を意味するかに、彼は関心を払うことができない、もしくはそれをしたがらない、ということであった。とりわけ、私が示したデータに対する彼の反応は今も覚えている。正確な内容は覚えていないが、条件が十分に統制された実験室で行われたアヒルのヒナの行動に関する研究データであった。客観的なデータであり、客観的かつ偏見のない考察ができるものであったと思う。Lorenzは、これらのデータを却下し、次のようにコメントした。「かつて私は1羽のガチョウと知り合い

になり、そして結ばれた。彼女の行動は Hoffman が言っているようなものではなかった」。このコメントは彼の信奉者たちを満足させただろう。それから彼は、私が呈示したデータはまったく無視して、ガチョウの行動について長々と話し始めたのであった。興味をそそる内容であったことは認めざるをえないのだが。その後、発表者各自に割り当てられた制限時間がきて、この話は終わりとなり、次の発表者の番となった。

　この出来事で、私はかなり失望した。この会議で動物行動学者の意見と私のような心理学者の意見が統合されることを期待していたからだ。しかし、それはかなわなかった。何かあったとすれば、2 つの陣営の相互交流がますます難しくなったということだろう。

　その上、動物行動学の立場の会員のほとんどはドイツの人で、これに対して心理学の立場の人は主にアメリカやイギリスからの参加者であった。これが、事態の改善を難しくした。私は自分の偏見を払いのけようとしたが、ドイツの研究者たちをある種の感情と疑いの目で見てしまった。彼らのほとんどがナチの立場に共鳴していないのはわかっていた。しかし彼らはドイツ人であった。私は、兵役についていたときに目にしたナチの残虐な行為を思い出さずにはいられなかった。同じような感情を、いやそれよりも大きな感情を Sluckin 夫妻が抱いていたことを私はわかっている。Sluckin 夫妻が第 2 次世界大戦中にやっとの思いでイギリスに逃れてきたと、前に記した。そこでは触れなかったが、Sluckin 夫妻は、それぞれの家族の中でナチの毒ガス室から逃れることのできた唯一の人たちだった。大戦中、Lorenz はナチのイデオロギーをある程度支持していた。Bateson (1990) は、*The American Psychologist* 誌に Lorenz の故人略伝を書いた。そこで彼は次のように述べている。

　ナチが台頭したとき、彼はその潮流に乗った。1940 年に彼は衝撃的な論文を著し、それはその後の彼の人生につきまとうことになった。彼は、家畜化が動物種にもたらす効果をひどく嫌い、人は自ら自己家畜化の犠牲者

になっていると（証拠もなく）考えた。不純物と彼が見なすものを人類から取り除きたいと彼が願っていたことは、ナチの恐ろしいイデオロギーと残念ながらよく似ていた。それは、「我々の最も優れた人物を人類の模範と定め」、そのモデルから大きく逸脱している不幸な人々を公衆衛生の行為として抹殺すべきである、という考えである。戦後、ナチスが実際に行っていたことの全貌を憎悪をもって知るに及んで、彼は自分の論文が忘れ去られることを望んだだろう。(p.66)

　Sluckin は、ダーハムの会議への出席はあまり望んでいなかった。出席するにしても、Lorenz との関わりには、彼なりの一線を画そうとしていた。Sluckin は、私と同じように、この会議のすべての会合に参加した。会議が終わりに近づくと、私たちは集合写真（図 11）の撮影に集まるように言われた。集合場所に行くとき、Sluckin は私に、Lorenz と一緒に写真に撮られることは厭わないが自分の分を購入するつもりはない、と語った。結局、彼のこのささやかな抗議行動は、少々ばかげたかたちで無効となった。閉会式で主催者側が、Sluckin が写真の購入にサインをしていなかったことに気がついた。単にサインをし忘れたのだと思って、寛大な精神で彼らは Sluckin に写真を 1 葉無料でプレゼントしたのである。このおみやげが手渡されたとき、この謙虚な碩学の顔が完全に曇ったことを、私は忘れない。

　1989 年のオランダでの会議は、イギリスでの会議とはまったく異なる論調となった。その頃になると、刻印づけの現象に学習が関与していることは完全に認められており、議論は、この学習の特性と、刻印づけに関わる神経系に集中した。つまり、刻印づけの研究は、脳と行動という新しい時代を迎えたのだ。これは、もちろん満足のいくことであった。それだけではない。条件が入念に統制された実験室での研究が、不適切あるいは無意味なものと批判されるようなことは、もはやなくなった。これも嬉しかった。

第6章
刻印づけと食餌行動

　1960年代後半、刻印づけの実験室をブリン・モア大学に移す少し前、私たちは刻印刺激による行動の制御のさまざまな側面を重点的に取り扱っていた。被験体の行動に随伴して刻印刺激を呈示もしくは除去したときに生じる強力な強化と弱化の効果については、すでに述べた。行動の制御について私たちがさらに明らかにしたいと思ったもう一つの重要な側面は、アヒルのヒナの食餌行動に対する刻印刺激の呈示の効果であった。図5で示したように、キーをつつけばいつでも刻印刺激に接近できるようにしてヒナを実験装置の中で飼育すると、キーが頻繁につつかれるときと、比較的長い時間ほとんどあるいはまったく反応がないときとが交互に現れる傾向が見られた。

　私たちはその研究ではヒナの食餌行動や飲水行動を記録しなかったが、ヒナがこれらの行動に従事する傾向は、キーをつついて刻印刺激を求める行動傾向となんらかの関係があるように思われた。これは驚くべきことだった。というのは、キーは被験体部屋の中央にあり（図1と図2）、餌皿と水皿はそこから1メートル近く離れた右側の壁に立てかけられていたからである。こうも離れた2つの場所での、これほど異なる2種類の行動が、どうして互いに関係しているのだろう？　その関係の本質は何なのか？

　これらの疑問への解答を見つけるため、孵化直後の数羽のアヒルのヒナに刻印づけを行った後で、刻印刺激の呈示によってつつき反応を形成する訓練をした。しかし、今度はキーを使わず、代わりにバルサ材のポールを使った。刻印刺激も、プラスチック製牛乳瓶の代わりにクリーム色のゴム製ブロック

を用いた。刻印づけが終わっている3日齢のヒナを装置に入れて、一連のセッションを長時間（約20時間）行なった。この間にヒナがポールをつつけば、刻印刺激が数秒間呈示された。餌と水はいつもそれぞれの皿にあった。これらの皿は装置の片方の端に置かれ、ポールから1メートル近く離れていた。餌皿と水皿の上に一組のフォトセル検出器を置き、ヒナの食餌行動と飲水行動を自動的に記録した。同時に、ポールつつき反応やディストレス・コールも自動的に記録した。

図12は、この実験中に記録された結果の一部である。この図から、ヒナの食餌行動と飲水行動がポールつつき反応と、強力だがやや一定しない関係を持っていることがわかる。私たちが考えていたように、食餌行動と飲水行動は、ヒナがポールをつついたとき、つまり刻印刺激が見えているときに生ずる傾向があった。私たちは、食餌・飲水行動の傾向には重要な社会的要素があるという事実を確認した。そして、私たちの実験手続きによって、その本質の何かを知ることができるように思われた。

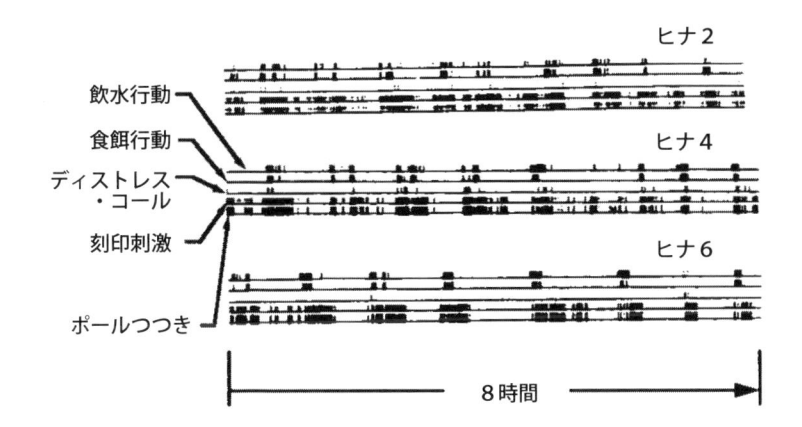

図12　アヒルのヒナの食餌行動と飲水行動ならびにディストレス・コール
ヒナは、餌と水をいつでも摂取できた。またポールをつつけば刻印刺激にいつでも接近できた。

社会的に誘導された食餌行動

　これまでは、自分の視野を横切って移動する刺激を目にすることができるかどうかは、ヒナ自身の行動によってのみ決められていた。図12の反応パターンを検討すると、ヒナが刻印刺激を求める傾向は、ヒナの食餌行動の周期によって少なくともある程度は制御されているように思えた。しかし、相互的な影響もありうる。つまり、刺激の呈示が、食餌・飲水行動の傾向に影響した可能性も考えられる。後者の可能性を検討するために、ヒナの行動に関係なく、動いている刺激を1時間に1回、5分間呈示してみた。ただし、ポールをつつけば刻印刺激はいつでも見えるようにした。もちろん餌と水はいつでも摂取できた。しかし、ヒナが何をしていようと、1時間に1回刻印刺激が5分間呈示されたのである。図13は、この新しい状況で何が起きたかを示している。

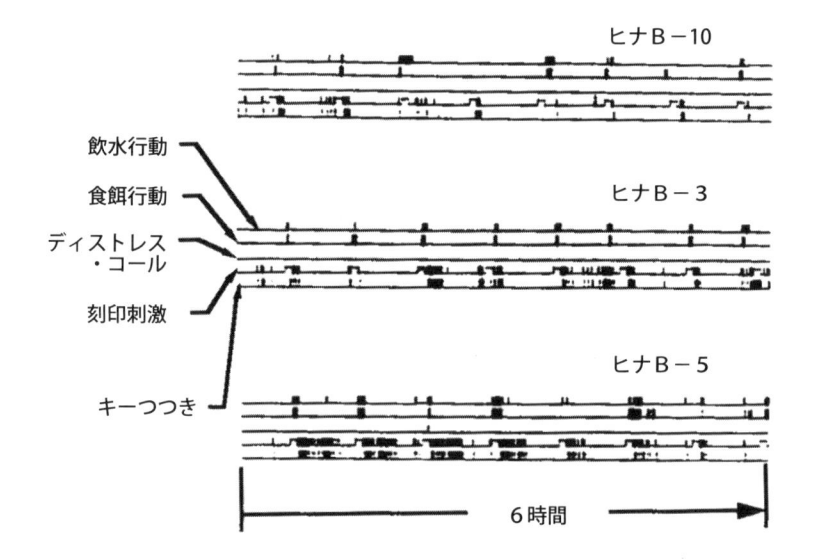

図13　ヒナの行動に関係なく刻印刺激が周期的に5分間呈示されたときの食餌
　　　行動と飲水行動ならびにポールつつき行動
　刻印刺激は周期的に、ヒナの行動にかかわらず呈示された。ヒナがポールをつついたときも、それに随伴して刺激は呈示された。ペンがかなり広い範囲にわたって基線からずれている箇所は、そこで刺激が繰り返し集中的に呈示されたことを示す。

ここでも、ヒナによって多少の違いは見られたものの、餌を食べたり水を飲んだりする期間は、一般的に、実験者による刻印刺激の呈示と同時もしくはそれに続いて起こる傾向があった。多くの場合、餌を食べたり水を飲んだりした後でポールつつき反応がバースト的に生じた。前の実験結果と同じように、刺激が比較的長い時間呈示されていなくても、ディストレス・コールを発することはほとんどなかった。

　これらのデータから、すでに刻印づけられている刺激が呈示されると、どういうわけかヒナは餌を食べたり水を飲んだりするといえる。しかし当時、その理由がわからなかった。この現象は、Ross and Ross（1949）がすでに研究していた食餌行動の社会的促進に関連しているように思われた。これは、餌を十分に食べた犬のそばで別の犬が食べ始めると、十分に食べたはずの犬がさらに食べ始める現象である。食餌行動がなぜこのように社会的に促進されるのかを説明するためにいろいろなメカニズムが考えられてきたが、どれも私たちのアヒルのヒナの行動をうまく説明できるとは思えなかった。このような促進が起こるには、餌を食べることと社会的な刺激が対呈示される必要があると、Harlow（1933）は説明した。しかし、この説明もここでは適当ではなかった。ヒナの食餌行動は刻印刺激がはじめて呈示されたときにも起こっていたからだ。つまり、刻印刺激が呈示されているときに餌を食べるという経験がなくても、社会的促進が見られたのである（Hoffman, Stratton, and Newby, 1969a）。社会的に促進された食餌行動を模倣として考えることも、この文脈では無理があった。そもそも私たちの実験では、ゴム製ブロックが、餌から離れた場所で行ったり来たりするだけで、社会的に促進された食餌行動が生じたのである。この状況では、ヒナが模倣する食餌行動などない。

　刻印刺激の呈示によってヒナが興奮したという可能性もある。しかし別の実験結果から、この可能性だけで私たちの実験結果を説明することはできなくなった。図 14 は、そのような実験結果の一つである。この図は、ポールをつついて刺激を呈示させることをすでに学習しているアヒルのヒナに刻印

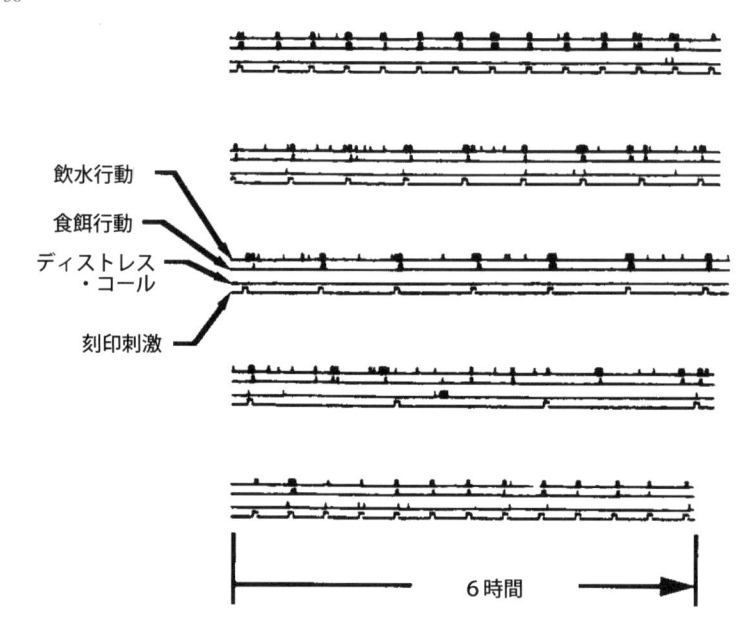

図14 実験者主導で刻印刺激を呈示したときの食餌行動と飲水行動ならびにディストレス・コール
ポールがはずされているため、ヒナは自らの反応で刻印刺激に接近することはできない。

刺激を周期的に呈示するとどうなるかを示した図である。この記録をとる前に、ポールは装置から取り外しておいた。ここで刻印刺激を呈示すると、ほとんどいつも食餌行動が現れた。刺激呈示の間隔が20分のときに、その傾向が最も強かった。飲水行動はしばしば食餌行動に伴って起こったが、食餌行動の合間に生じる傾向もあった。ここから次のことが言える。ヒナは興奮して水を飲むときがあり、そしてそれゆえに餌を食べずに餌の近くにいるときがある。刺激の呈示には、呈示されなければ非活動的であるはずのヒナを興奮させること以上の何かがある。

　私たちがこの研究を行っていた頃、ペンシルベニア大学のRichard Solomonは、ペットとして飼っているプードルの奇妙な行動に気がついた。それを知ったのは、後年Solomonと私が共同研究をしたときのことであっ

た。後述するが、Solomonの犬の行動は、私たちのアヒルのヒナの行動と極めてよく似ていた。この犬の行動をきっかけとし、Solomonは一連の研究で情動についての新しい理論をうち立てた（Solomon and Corbit, 1974）。第9章と第10章で触れるが、この理論は私たちの研究に大きな衝撃を与えた。情動についての私たちの考え方は、彼の理論に大きな影響を受けたのである。

　数年来Solomonは、毎朝8時にアパートに犬を残したままにして出勤していた。Solomonが午後5時か6時に帰宅するまで、この犬は餌と水を与えられてアパートの部屋にいた。すると、Solomonが言うには、毎日同じ行動が現れたのである。Solomonが出かけると、犬は悲しみ泣き叫ぶような声を発した。しかし、やがて静かになり身体を丸めてほぼ一日中飲まず食わずで眠って過ごした。Solomonが帰ってくると、犬は大喜びだった。そして、ただちに皿のところに駆けていって餌を食べ水を飲むのであった。Solomonの犬の行動は、私たちがアヒルのヒナで観察した行動によく似ているように思われた。つまり、彼の犬は社会的に促進された食餌行動を示しているようであった。大きな違いは、アヒルのヒナの社会的刺激は動くゴム製ブロックであり、Solomonの犬の社会的刺激はSolomonその人だということだけであった。

　このような社会的刺激がなぜ食餌行動を促すのか、その理由を私は次のように考えている。社会的刺激は、食餌行動と同じように、快に関わる神経系を活性化させる。この神経系の活動が、社会的相互作用で見られる行動の効果や情動の効果に重要なのではないか。後の章でSolomonの理論を紹介した後、この考えを詳述する。さしあたって重要なのは、社会的刺激と食餌行動の間に明確な相互作用があるということであり、その詳細の何かを知ることができたということである。

第7章

刻印づけの臨界期？

　これまでの章で私は、孵化後48時間以内のヒナの見えるところに、動いている刻印刺激を呈示したと述べた。そのようにした理由は、孵化後48時間を大きく超えてから刺激をはじめて呈示すると、ガチョウのヒナはその刺激から逃げる傾向があるとLorenzが報告したからである。このような観察をもとにLorenzは、刻印づけには臨界期があると主張した。アヒルのヒナを使ったいくつかの実験、特にHess（1959a）の実験は、Lorenzのこの考えを強く支持するものであった。

　私が1週齢のヒナに刻印刺激をはじめて呈示したとき、このヒナにキーをつつかせることはできなかった。当時それは、刻印づけの臨界期をまさに示すものと思えた。その結果はまた、臨界期中に生じた出来事によって刻印刺激は、その強化的な特性を獲得すると暗示しているようにも思えた。しかし今では、この結論が間違っていたことがわかっている。これから見ていくことになるが、刻印刺激は、はじめてそれがヒナに呈示されたときから、ヒナの行動を強化できるし、継続中のディストレス・コールを止めることもできる。あらかじめその刺激をヒナに呈示しておく必要はない。以上のことは、私たちが後に行ったいくつかの実験で明らかになったのである。また、それらの実験から、アヒルのヒナが刻印刺激にはじめて出合う時期はそれほど問題ではないこともわかった。条件さえよければ、臨界期と呼ばれる時期を十分に過ぎていても、刻印刺激に対する社会的な愛着は生じる。

　刻印づけの臨界期という概念の可能性に疑問が生じただけではなく、私た

ちの実験は、社会的なきずなの形成の領域での臨界期という概念がまったく不適切ではないにしても誤解を招く可能性があるということを示したのである。その実験を紹介する前に、臨界期という概念が発達神経生理学の領域でどのように用いられているかについての説明が必要だろう。

神経組織の発達過程における臨界期

　ヒトを含めたほ乳類の神経系は、誕生時には十分に発達しているわけではない。神経系の構造が成熟するにつれて、脳のいろいろなシステムの神経の構造や組織、そしてその代謝や機能に、さまざまな秩序立った変化が起こる。それらのシステムやそれが介在する機能、さらにその発達的な状態に依存しながらも、神経系が発達して変化する過程は、神経系に入力される信号の種類によってある程度決定される。例えば、子ネコをストロボスコープの照明下で育てて動いている刺激を子ネコに経験させないでおくと、ネコの視覚皮質で刺激の方向に特異的に作用する神経の数がかなり減少する（Cynader and Chernenko, 1976）。また、子ネコを横縞模様もしくは縦縞模様で育てると、前者のネコは縦縞に反応する皮質細胞の数が、後者のネコは横縞に反応する皮質細胞の数がかなり減少する（Blakemore and Cooper, 1970）。発達過程で神経系がこのようなさまざまな環境操作に敏感に反応する時期を臨界期という。ネコの視覚系の場合、この時期はおよそ2週齢から14週齢である（Hubel and Wiesel, 1970）。ヒトの場合、この時期は2歳頃まで続く（Hickey, 1977）。子どもの頃にひどい乱視（特定方向の直線や縞模様の網膜像が不鮮明になる状態）だった人は、長年レンズで乱視を矯正しても、問題方向の直線に対する視力が低いと報告されている。方向に対して特異的に反応する皮質細胞が発達する幼少期に矯正レンズが使われないと、網膜から皮質細胞に入力される信号は不適当なものとなり、皮質細胞が十分には発達しなくなるようである。後年に矯正レンズを使用すると、網膜像は修正できても、方向に対する特異的な視力が低下するのは、このような理由による（Freeman, Mitchell, and Millodot, 1972; Mitchell et al., 1973）。

Lorenzが強調した臨界期の概念は、神経生理学者が述べている臨界期の概念と多くの点で共通する特徴を持っている。どちらも、発達が正常であるためには、発達過程のある特定の時期に特定の感覚信号が入力されなければならないと考えている。さらに、この時期に適切な入力信号がなければ、そのような信号に対するその後の反応はゆがんだものになるとしている。

　私たちの研究では、刻印づけの臨界期と考えられている孵化後の数時間に刻印刺激が呈示されたヒナはその刺激に追随するようになり、刺激が取り除かれるとディストレス・コールが現れた。しかし、刻印刺激の呈示が数日遅れると、ヒナはまったく異なる反応を示した。刺激に近づくどころか恐怖反応を示し、刺激から逃げようとした。追いかける反応も逃げようとする反応も、刺激がはじめて呈示された時期に依存して、どちらも等しく、確実に生じた。幼いヒナと成長したヒナが刻印刺激にはじめて出合ったときに示した行動の劇的な違いは、何によって生じたのだろう？　私たちはこの違いを直接調べることにした。それは、私たちが最も有益な研究の一つと思っている研究である（Ratner and Hoffman, 1974）。

予備的研究

　臨界期を調べるため、これまで使ってきた実験装置を作り直した。刻印刺激にヒナが近づく傾向、遠ざかる傾向を、記録するためである。また、このような行動に対して自動的に刺激を呈示したり取り除けるようにすることも重要であった。これは、前にヒナの追随反応に随伴させて刺激を取り除いたときと同じ方法である。

　図15は、作り直された実験装置である。まず、刺激部屋に垂直のパネルを差し込んで半分にした。一方の区画からランプを取り除き、もう一方に刻印刺激を置いて刺激部屋にした。ヒナが近くにいると、その区画の照明がつき、刺激はその中で前後に移動した。これを行うため、被験体部屋にいくつかの赤外線フォトセルをセットし、部屋を等しく4つの区画に分けた。フォトセルの見えない光線のいずれかをヒナがさえぎると、その信号が電子プロ

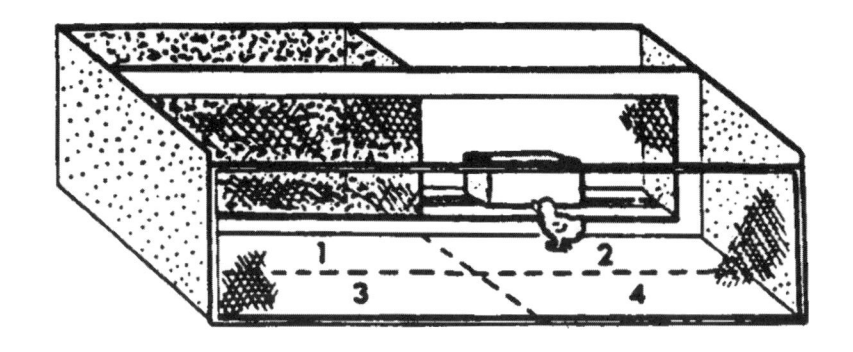

図15　臨界期を調べるための実験装置
ヒナが装置の第2区画にいるときに、刻印刺激が呈示された。第2区画からヒナが出ると、フォトセルの光線の一つがさえぎられる。これによって刺激部屋は暗くなり刺激は停止した。第2区画にヒナがもどると、刻印刺激は再び呈示されてヒナはそれを再び目にすることができた。

グラミング装置に送られるようにした。刺激に最も近い第2区画にヒナが入ったら、刺激部屋のランプは自動的に点灯して刻印刺激が動いた。この区画からヒナが出たら、照明は自動的に消えて刻印刺激も停止した。このように、ヒナが第2区画に入れば刺激は自動的に呈示され、ヒナがその区画にいるかぎり刺激は動き続け、ヒナはそれを見ることができた。しかし、ヒナがこの区画から出るやいなや刺激は自動的に取り除かれた。

　この装置を使って実験の準備をした。多くのアヒルのヒナを個別に孵化させ、個別のユニットで飼育した。それぞれのヒナは1日に2回テストを受けた。1回のテストは6セッションからなり、1セッションは30分間であった。各セッションの開始時には、ヒナを飼育ユニットからそっと取り出して、ただちに実験装置の第2区画に置いた。その後30分間そのままにした。この状態でヒナがいろいろな区画を出たり入ったりするのを、上で述べた装置で自動的に記録した。

　何羽かのヒナは、孵化当日（1日齢）に初回テストセッションを受けた。卵殻から完全に出てからおよそ12時間後であった。別のヒナたちは、孵化後5日目（5日齢）で初回テストセッションを受けた。全てのヒナに対して、

装置に入れた時点では動いている刻印刺激が見えるようにし、第2区画から出ると刺激が見えなくなるようにした。

さらに多くのヒナで、テストを行った。1日齢で初回テストを受けたヒナもいれば、5日齢で初回テストを受けたヒナもいた。ただしこれらのヒナに対しては、装置の第2区画に入れたとき刺激は呈示されなかった。さらに、装置の中のどこにヒナが移動しても、刺激は呈示されなかった。つまり、1日齢と5日齢のヒナの移動能力の違いを見るための統制条件のヒナとして用意されたのであった。

刻印刺激を目にすることがなかった統制条件のヒナは、実験時間のおよそ4分の1を第2区画で過ごすことがわかった。この傾向はセッション間でほとんど違いがないこともわかった。実験の目的から見てさらに重要なのは、12時間齢のヒナと5日齢のヒナは、この点でほとんど違いがなかったということである。刻印刺激がなければ、幼いヒナもそうでないヒナも、装置の中でほとんど同じように移動した。刻印刺激が呈示されなかった統制条件のヒナにとって、4つの区画はどれも同じであった。

それでは第2区画に入るといつも刻印刺激が呈示されたヒナの場合、どうであったのか？　このヒナたちは、刺激をはじめて呈示された日齢によって、まったく異なる行動を示した。12時間齢ではじめて刺激が呈示されたヒナは、第2区画に留まる傾向を示した。そしてセッションを重ねるにつれて、その区画にいる時間がますます長くなった。それに対して、5日齢ではじめて刺激を見せられたヒナは、刺激が呈示されるとただちに逃げ出した。これらのヒナも動き回っているうちに第2区画に戻ることがあるが、再び刺激が呈示されると速やかに逃げ出した。このような行動パターンが、6回のテストセッション全体にわたって一貫して観察された。第2区画から出ると刻印刺激は自動的に取り除かれるので、5日齢のヒナには刻印刺激がほとんど呈示されなかった。

上で述べたヒナの行動は、Lorenzが臨界期を考えるにいたった観察結果の、統制された定量的な証拠であった。刻印刺激から逃れる機会が与えられ

ている状況でも、12時間齢のヒナはそれに近づいた。その意味でこのヒナたちは、子が親に対して示す愛着行動（子としての行動；filial behavior）を示した。さらにまた、それに続くセッションでも、ヒナたちはそのようにし続けた。しかし5日齢のヒナがはじめて刻印刺激を目にしたとき、彼らは逆の行動を示した。彼らはいつも刺激から逃げ、刺激が呈示される領域を避けるようにさえなった。

　行動のこのような違いは、社会的愛着における神経の発達の臨界期のようなものを意味していると考えたくなる。刻印刺激からの感覚入力信号が、発達の初期のある時点（臨界的と考えられている時期）で剥奪されると、社会的愛着をつかさどる神経系が十分に発達しなくなる、と考えられるかもしれない。このように考えれば、幼いヒナとそうでないヒナのテストでの行動の違いを説明できるし、なぜ成長したヒナがそれほどまでも長きにわたって行動上の問題を示したかについても説明できるだろう。この可能性を私たちは認めたが、もっと単純な説明もできるのではないかとも考えた。つまり、その後の発達においてそのような不吉な結果を伴わないような説明である。

　いろいろな研究論文に目を通してみると、重要かもしれない手がかりがいくつか見つかった。刻印づけの臨界期と思われるものの根底には生得的な発達的変化があり、ヒナが成長するにつれて新奇な刺激を恐れるようになるのは、そのような発達的変化の現れである、と主張している研究者たちがいた（Hinde, 1955; Hinde et al., 1956; Hess, 1957, 1959a, b; Candland and Campbell, 1962; Waller and Waller, 1963; Hersher, Richmond, and Moore, 1963）。この主張は、あとで詳細に述べるが、この説を支持する多くのデータがあった（Gray and Howard, 1957; Jaynes, 1957; Hess, 1959a; Ratner and Thompson, 1960）。

　一方で、臨界期の考えそのものに疑義をさしはさむ研究も多くあった。それらの研究は、成長した個体であっても、新しい社会的結びつきを作れることを示していた（Sluckin and Salzen, 1961; Bateson, 1964; Hoffman, Ratner, and Eiserer, 1972）。例えばBateson（1964）は、それまで見たことのなかっ

た動く刺激を見せられて逃げていたヒナが、その後その刺激との接触を重ねるにつれて、幼いヒナと同様に、その刺激に次第に積極的に反応するようになったと報告している。同じように Jaynes（1958）は、30分間の1セッションの中で新奇な刺激を呈示されると、成長したヒナは逃げたが、そのようなセッションを数回受けると、その刺激に接近するようになったと報告している。Jaynes は、このような効果を「潜在刻印づけ（latent imprinting）」と呼び、成長したヒナが新奇な刺激に社会的な愛着を形成する傾向は、その対象との接触時間に依存すると述べた。

成長した鳥の刻印づけ

　成長したアヒルのヒナに刻印刺激を呈示し続けるとどのようになるのかを調べるために私たちは、5日齢ではじめてテストを受けたヒナで研究を続けた。これらのヒナを2つのグループに分けた。一つのグループの実験条件は、これまでの6セッションでの条件とまったく同じであった。すなわち1日に2回、この条件のヒナは第2区画に入れられ、そのとき動いている刻印刺激を見る。第2区画から離れると刺激はただちに消失し、再び第2区画に入るまで呈示されることはなかった。要するに、それまでどおりのテストを続けた。ヒナにしてみれば、何も変わらなかった。

　もう一つのグループのヒナにも同じようにテストを行った。しかし、1つだけ違いがあった。ヒナが装置のどこにいようと、刻印刺激を呈示し続けたのであった。したがってこの第2グループのヒナは、第2区画からすぐに跳び出して刻印刺激からできるかぎり遠ざかったとしても、照明されている刺激対象による感覚入力から完全に逃れることはできなかった。このような状況だと、この刺激は最終的にヒナにとってなじみのあるものになり、そのためこの刺激は、新奇なものに向けられる恐怖反応を誘発しなくなると予想された。

　しかし、この恐怖がなくなると、何が起こるのだろうか？　もし刻印づけをつかさどる神経系が正常に発達していなければ、ヒナは刺激に注意を向け

ないはずである。そのような状況では、ヒナが第2区画にいる時間は実験時間の25％となるはずである。一方、恐怖反応が社会的愛着形成の妨げとなる拮抗反応であるなら、ヒナは子としての行動（filial behavior）を示すようになるだろう。そうなるとヒナは刺激に注意を向けるようになり、また第2区画にいる時間が総時間のおよそ25％という結果にはならないだろう。つまり、ヒナは刺激に近づき、刺激の近くに居続けるようになるだろう。そのため、第2区画にいる時間は、セッションを重ねるにつれて長くなるはずである。

　結果は明らかであった。このような実験セッションを新たに行ったところ、刻印刺激から完璧に逃れることができたヒナは逃げ続けた。刺激から逃れることのできなかったヒナは、はじめは第2区画から逃れたが、セッションが進んで刻印刺激が新奇なものでなくなるにつれて、刺激に注意を向けるようになった。彼らはしだいに多くの時間を第2区画で過ごすようになった。ついに第6セッション（11日齢）までには、この成長したヒナは、幼いヒナと同じように、実験時間のほとんどを刻印刺激の近くで過ごすようになった。

　成長したヒナのこのような行動を、これまでの臨界期の概念で説明することは難しい。この概念では、発達の初期の社会的きずなは臨界期という短い時期においてのみ形成され、その時期は孵化後数時間で終了するとしている。この概念で私たちの実験結果を説明するのが難しいからといって、刻印づけの臨界期という考えがまったく無意味というわけではない。臨界期の概念は、刺激から逃れることができる状況にいたヒナの行動を正確に記述しているからである。そのような状況は、Lorenzが観察した自然な場面では普通に見られる。しかし、私たちのデータは、刻印づけの臨界期が神経系の発達の臨界期に類似するという考えに反するものであった。さらに、社会的きずなが発達の初期の臨界期に形成されなければ、成長して障害が生じるという考えを、否定するデータでもあった。この考えは、第2次世界大戦後数十年間のベビーブーム最盛期に特に広く信じられていた。当時、人間のあらゆる属性には特有の臨界期が存在すると考えられていた。依存性や攻撃性の発達に臨

界期があると考えられ（Bloom, 1964）、言語運用能力の発達にも臨界期があると考えられた（Scott, 1968）。

同じような視点として、よく引用されている本の中に次のような主張がある（Eible-Eibesfeldt, 1971）。

人間の発達には敏感期がある。この時期に、基本的な道徳的態度や美的態度が、刻印づけのように固着される。例えば、それは「素朴的義務（primitive trust）」というようなものである。この時期が満足に過ごされないと、これによって深刻な障害がもたらされることになる。（p.27）

このような主張は、刻印づけの概念を、個体の生活史の中の短い臨界期に限定される不可逆的な出来事としてとらえていることを示している。そして、この概念が初期経験の永続的な効果という考えにどう影響したかを示している。刻印づけのこのような概念が与えた影響は、Moore and Shiek（1971）による自閉症の理論にも現れている。この理論では、自閉症を次のように説明している。「神経系が十分に発達した」胎児は、誕生前に「刻印づけの臨界期」を経験して子宮に刻印づけられ、これが自閉障害を起こす。この理論を支持するものとして、彼らは「刻印づけがひとたび起こると、その効果を取り消すことはできない」という考えを引用している。この理論は「刻印づけは、個体の生後間もない短い期間に限定された不可逆的な出来事である」というLorenz学派の主張に基づいている。

このたぐいの推測によって触発された意見はしばしば絶対に正しいと見なされ、世論に大きな影響を与えた。子どもが心理的に健康であるためには、母親との親密な関係を発達の初期に持つ必要がある。この関係に、たとえ短期間であっても遅れもしくは妨害が生じると、子どもは後で行動上の問題を起こす可能性がある。同様に、施設で育てられた子どもは、ほぼ間違いなく永続的に不利であり、この点から見て、彼らを養子に迎えるのは愚かなことである。このように考えられた。子どもを孤児院に入れることにさえ異議が

唱えられ、多くの州がそのような施設への支援を中止した。その結果、多くの孤児や多くの浮浪児が見捨てられ、彼らは独力で生活しなければならない状況となった。哀れなほどわずかな身の回り品すべてをビニール袋に入れた子どもたちが社会生活斡旋業者の事務所で待機しているのを、私たちは目にした。そしてその日の夕方、一人のソーシャルワーカーが、この小さな放浪者たちの一晩の宿を必死になって確保しようとしていた。

　刻印づけの臨界期という考えは、母親に対する乳児の愛着の概念に影響を及ぼしただけではない。子どもに対する母親のきずなへの世間の見方にも影響を及ぼした。つまり、母親が生後間もない乳児と親密な接触を持たなければ、きずなの形成は遅延もしくは阻害される可能性がある、という見方である。この説を支持するような縦断的な研究が、いくつか報告された。例えば、Klaus and Kennell（1976, 1982）は、乳児と十分な産後接触（postpartum contact: 出産後2時間以内に新生児と肌の触れ合いを1時間持つ）を持った母親は、1ヶ月後、産院で普通の処置を受けた母親よりもこまやかな心配りを自分の子どもに向けたと報告した。他の行動でもそれぞれの母親の間で違いが見られた。例えば、子どもが泣くと抱くことが多いのは初期の接触を持った母親の方であった。

　しかし、Myers（1987）やSluckin et al.（1983）が記したように、このような報告をした研究は方法上の問題を含んでいた。MyersもSluckin et al. も、母親のきずな形成（maternal bonding）の臨界期を支持しないさまざまな研究を調べた。その結果、臨界期を認めないという主張に説得力があることがわかった。Myers（1987）は、次のように述べた。

これまで報告されている研究を概観すると、産後期がヒトの母親と乳児の情緒的なつながりを形成するための臨界期であるという主張を支持することは難しい。それを「裏付ける」研究にはあまりにも多くの欠点がある。また、それを「否定する」研究は数多くある。したがって、生後間もない子どもに母親が触れることが、子どもに対する母親の愛情の成立に重要で

あると、指摘することはできない。(p.241)

　Sluckin et al.（1983）は、次のように述べて、きずなの形成に関する文献の思慮深い分析を締めくくっている。

　自分の子どもと、適切なきずなを形成できていないのではないかと人知れず危惧しているお母さんへの私たちのメッセージは、次のとおりです。「心配しないでください。その不安は、きずなの学説をあなたが信じているからです。何が正しいかがわからないとき、そのようなことを信じてしまうのは当然です。しかしいまや、母親のきずなの形成（maternal bonding）に臨界期などないということが、研究によって明らかになりました。これらの研究結果が明確に示しているのは、母親の愛着は、子どもが成人に対して示す愛着と同じように、ゆっくりと確実に発達する場合がほとんどだということです。」(p.97)

私たちのアヒルのヒナの実験の結果は、上で述べた Myers（1987）や Sluckin et al.（1983）の結論と完全に一致する。

第8章

刻印づけと学習

　研究のこの時点で、刻印づけのいくつかの特徴が十分に立証されたように思われる。まず、孵化直後のヒナが適切な刻印刺激に出合うと即座に積極的に反応することは明らかであった。第2に、刻印づけの経験を持たない5日齢のヒナは、上記と同じ刺激に対して恐怖反応を示す。この2つの観察結果から、新奇なものへのある種の恐怖反応は、成熟と経験の相互作用によって起こると考えられる。第3に、動いている新奇な刺激のそばにいることを5日齢のヒナに強制すると、最終的に恐怖反応を示さなくなり、子としての行動を示し始める。第4の特徴は、他の研究者たちも観察した特徴だが、孵化後数時間以内に刻印刺激を呈示されたヒナは、数日後に刺激が再呈示されたときには、その刺激に向けて積極的な反応を示すということである。

　これらの観察結果から総合的に考察すると、刻印づけにはヒナが刻印刺激に親密になるための過程、つまり刻印刺激を認識する学習過程が必要だと考えられる。刻印づけられたヒナが刺激に再び出合ったとき積極的な反応を示すのは、この学習過程によるものだろう。新奇なものへの恐怖（neophobia）が発達する前に刻印刺激が呈示されたヒナは、おそらくその刺激の特徴を学習するのだろう。そのような学習のおかげで、ヒナは後でその刺激に出合うと、新奇性が引き起こす恐怖（novelty-induced fear）に妨げられることなく、子としての反応を示すのだろう。しかし、この考えには一つの問題があった。どのような種類の学習過程がかかわっているのかがわからなかったのである。他の研究者たちも、この問題には頭を抱えていた（Rajecki, 1973）。

最初の進展が見られたのは、これから述べる観察結果について考えはじめたときだった。刻印刺激とするゴム製ブロックを17時間齢のヒナにはじめて呈示する際、それが静止していれば継続中のディストレス・コールは抑制されなかったのである。この観察結果についてよく考えたところ、それが何を意味するのかがわかった。つまり、孵化直後のヒナにとって、刺激の静的な特徴は本来中性的なのである。これらの静的な特徴は本来、子としての反応を誘発するわけではないということである。ゴム製刻印刺激の色や形や大きさなどの静的な特徴が中性的であるなら、その刺激の動きが刻印づけの重要な要因として残される。そうであるなら、刺激の動きは、ある種の古典的条件づけの過程によって、本来中性的な特徴に子としての反応を誘発する機能を持たせることができるはずである。それは、Pavlov がメトロノームの音と餌を対呈示すると、メトロノームの音が唾液分泌を誘発するようになったのと、まったく同じである。私たちは、次のように考えた。もし、（1）刻印刺激の動きがアヒルのヒナにとって、Pavlov 型条件づけの無条件刺激として機能し、（2）その刺激の静的な特徴が本来中性的で、しかも条件刺激になる可能性があり、（3）動いている刻印刺激がヒナに呈示されることで、この静的な特徴と刺激の動きが実質的に対呈示されるのであれば、このような古典的条件づけの過程が刻印づけでも起こるはずである。

学習実験

刻印づけの過程における学習の役割を調べる実験を行った。あらかじめ隔離飼育してあった17時間齢のヒナたちに対し、刻印刺激のゴム製ブロックを1分間呈示して1分間取り除くことを繰り返すセッションを集中的に行った（Hoffman, Eiserer, and Singer, 1972）。実験条件のヒナに対して呈示する刺激は、初回は静止させ、2回目には動かし、3回目には静止、という順に繰り返した。統制条件のヒナには、静止している刻印刺激しか呈示しなかった。

実験条件のヒナの場合、動いているブロックは初回から一貫してディスト

レス・コールを抑制した。当初は静止したブロックではディストレス・コールは弱まらなかった。しかし試行を重ね、動いている刺激の呈示回数が増えるにつれて、静止刺激によるディストレス・コールの抑制は次第に完璧なものになっていった。実験が終わる頃になると、静止している刺激がディストレス・コールを抑制する機能は、動いている刺激とほとんど同じになった。一方、動いている刺激が呈示されなかった統制条件のヒナの場合、静止している刺激の呈示の効果はなかった。この条件のヒナは、実験セッション全体をとおしてディストレス・コールを発し続けた。この結果から、静止している刺激を呈示するだけでは、ヒナのディストレス・コールは抑制されないと結論しなければならない。刺激の静的な特徴が効果を持つようになるには、それらの特徴がその動きと連合されなければならない。

　視覚的な動きと連合されるなら、刻印刺激の聴覚的特徴も次第にディストレス・コールを抑制する機能を獲得するはずだと考え、私たちはそれを調べるために類似した実験を行った（Eiserer and Hoffman, 1974）。あらかじめ隔離しておいた孵化直後のヒナで実験した。刻印刺激となるゴム製ブロックで、再び呈示1分、除去1分のサイクルを繰り返した。実験条件のヒナには、最初の刺激呈示では動いている刺激の音を聞かせたが、刺激を見せなかった。2回目には、動いている刺激を見せ、音を聞かせた。3回目には、音だけを聞かせた。このように、音刺激のみの呈示と音刺激と視覚刺激（動いている刺激を見る）の同時呈示とを交互に行った。音刺激のみの呈示は、刺激部屋の照明を消すことで行った。統制条件のヒナに対しては、刺激の呈示中は刺激部屋の照明を消したままにした。その結果、この条件のヒナは、動いている刺激の音を繰り返し耳にしてもその刺激を目にすることはなかった。

　実験条件のヒナの場合、動いているブロックを見せるだけで、初回からディストレス・コールはほとんど完璧に抑制された。しかし、動いているブロックの音だけ聞こえてそれが見えないときには、ディストレス・コールは弱まることなく続いた。しかし、それは最初の数回の刺激呈示のときであって、試行が進んで、ヒナが動いている刺激を目にする回数が増えるにつれて、

暗い部屋から聞こえる刺激の音は次第にディストレス・コールを抑制するようになった。実験の終わり頃になると、動いている刺激の音だけでディストレス・コールが抑制されるようになった。その抑制の程度は、刺激が見えているときの抑制とほぼ同じだった。音だけが繰り返し呈示され、動いている刺激を目にすることがなかった統制条件のヒナの場合、刺激の音は効果がなかった。統制条件のヒナは、実験セッションの間ずっとディストレス・コールを発し続けた。この結果から、動いている刺激の音を呈示するだけではディストレス・コールは抑制されないと結論しなければならない。動いている刺激の音が効果を持つようになるには、音と刺激の動きとが連合されなければならない。

　以上の実験から、自然環境で孵化したヒナが生物学的親に愛着を示すようになるときにも、同じ種類の古典的条件づけが起こっていると結論しても言い過ぎではないだろう。私たちの刻印対象と同様、母鳥は動いており、したがって子としての反応を生得的に引き起こす刺激条件を少なくとも一つは持っていることになる。それだけではない。母鳥の形や色といったいくつかの静的な特徴もそのような生得的な機能を持っていると考えられる（Hess, 1973; Ramsay and Hess, 1954）。さらに、母鳥の鳴き声も子としての反応を生得的に引き起こすのかもしれない（Gottlieb, 1965）。刺激次元がそのように冗長であるほど、ヒナが母鳥の近くにいて社会的きずなを母鳥に対して抱くようになることは確実になる。しかしそうでなくても、われわれの実験のように、母鳥の最初は中性的であった静的な特徴が、子としての反応を生得的に誘発する特徴と時間的・空間的に近接してヒナに呈示されると、その静的な特徴は、条件づけられた子としての反応（conditioned filial reactions）を誘発するようになるのだろう。

　思い返せば、私たちが用いた刻印対象の静的な特徴は、いずれも子としての反応を生得的に誘発するものでなかったことは幸運であった。もし私たちの刺激対象のなんらかの静的な特徴（形や色など）が子としての反応を生得的に誘発する機能を持っていたなら（例えば、ゴム製ブロックの代わりにア

ヒルのデコイを刺激として用いたなら）、その刺激は、静止状態でも、動いている刺激を見たことのないアヒルのヒナのディストレス・コールを抑制したかもしれない。そのようなことが起こっていたら、親に対する子のきずなの形成にかかわると思われる学習過程を明らかにできなかったであろう。

　社会的きずなを形成するときの、アヒルのヒナの行動と霊長類の行動の類似点は参考になる。1日齢のヒナが動いている刺激に子としての反応を即座に示すと同様に、子ザルは、しがみつくことができる親ザルと同じぐらいの大きさの柔らかい物、つまり触覚的刺激特徴を持つ対象物に対し、子としての反応を即座に示す。サルの場合も、アヒルのヒナと同じように、ある種の刺激が生得的に子としての反応を誘発する（Harlow, 1961）。

　さらに、私たちの実験で明らかとなった学習過程は、霊長類の愛着と著しく類似している。動かない対象物は、それが動いているのをヒナが目にするまでは、ディストレス・コールを抑制しなかった（Hoffman, Eiserer, and Singer, 1972）。同じように、透明なプラスチック箱の中の柔らかい代理母を見ても、サルの苦痛反応は軽減されなかった。しかし、箱を取り除いて、数週間にわたってその柔らかい代理母によじ登ったり抱きついたりさせてやると、箱に入っている代理母を見るだけで、子ザルは苦痛反応を示さなくなった（Mason, Hill, and Thompson, 1971）。

　刻印づけが学習の一つであることがわかってから、多くの疑問が浮かんできた。その中でとりわけ興味深いのは、複数の対象への刻印づけが可能かという問題である。従来の考えによれば、最初の数日間に形成された刻印づけのきずなは、その後の新しい対象への愛着形成を妨げる（Lorenz, 1935）ことになっている。しかし、幼い生活体が子としての行動を生得的に誘発する刺激の特徴を学習する過程が刻印づけであるなら、ある刺激に対する刻印づけは、別な対象への刻印づけを必ずしも妨げるわけではないはずだ。状況によっては、ある刺激に刻印づけられることで、別の刺激への社会的きずなの発達が促されることさえあるかもしれない。

第2の刺激に対する刻印づけ

　第2の刺激に刻印づけられるという考え方は極めて興味深く、それはLorenzが広めた刻印づけの見方とは正反対である。そこで、この可能性を実際に調べることにした。最初の課題は、これまで用いてきた刺激とはまったく異なる第2の刻印刺激を見つけることであった。いろいろと調べた結果、パトカーについているような黄色い回転灯がアヒルのヒナにとって効果的な刻印刺激になることがわかった。この新しい刺激を加え、いくつかの条件で実験を行った(Hoffman, Ratner, and Eiserer, 1972)。条件1のヒナには、動いているゴム製ブロックか黄色い回転灯のどちらかの刻印刺激が呈示された。呈示期間は、孵化後3日間であった。条件2のヒナには、この3日間どちらの刺激も呈示しなかった。条件3のヒナには、1日齢から3日齢の間に2つの刺激を同時に呈示した。ヒナが5日齢になったときにテストを行った。テストは1セッションで、一方の刺激の呈示と除去を繰り返してから、もう一つの刺激の呈示と除去を繰り返した。

　条件1のヒナの場合、1日齢から3日齢にかけて呈示された刺激がテストでディストレス・コールを抑制した。しかし、もう一つの刺激が呈示されたとき、ディストレス・コールが弱まることはなかった。1日齢から3日齢にかけて刺激をまったく見なかったヒナは、どちらの刺激が呈示されてもディストレス・コールを発した。1日齢から3日齢にかけて2つの刺激が両方呈示されたヒナの場合、一方の刺激だけがディストレス・コールを抑制した。この条件の5羽のヒナのうち3羽は回転灯に刻印づけられ、残る2羽は動いているゴム製ブロックに刻印づけられていた。これらの結果から次のことが明らかになった。5日齢頃（新奇なものをかなり怖がるようになっているはずである）になると、一方の刺激だけが呈示されたヒナ（条件1）は、別の刺激に子としての反応を示すことはなかった。どちらの刺激も呈示されなかったヒナ（条件2）は、どちらの刺激にも反応しなかった。両方の刺激が呈示されたヒナ（条件3）は、そのうちの一方の刺激にのみ反応した。

　この時点で私たちは、ヒナが複数の刺激に刻印づけられることはないと

思ったが、さらに一歩進めて実験を行った。ヒナが6日齢になったとき、2つの刺激のどちらかを2時間呈示するセッションを行なった。1日齢から3日齢にかけて一方の刺激だけが呈示されたヒナには、もう一方の刺激を呈示した。両方の刺激が呈示されていたヒナには、効果的でなかった方の刺激（おそらく刻印づけられていない刺激）を呈示した。どちらの刺激も呈示されていなかったヒナには、どちらか一方の刺激を呈示した（半数のヒナには一方の刺激を呈示して、残る半数のヒナにはもう一方の刺激を呈示した）。このセッションの開始後数秒以内とその後20分ごとに、刺激を数秒間取り除いた。刺激を取り除くとディストレス・コールを発するかどうか、刺激を再び戻すとディストレス・コールが抑制されるかどうか、を調べたのである。

　当初、新しい刺激は中性的に見えた。すなわち新たな刺激はヒナのディストレス・コールをほとんど制御しなかった。しかし、繰り返し呈示されると、すべてのヒナのディストレス・コールは、この新たな刺激の制御を強く受けるようになった。この刺激が取り除かれるとヒナは鳴き始め、再び呈示されると鳴き止むようになった。最も興味深かったことは、新たな刺激による制御の獲得の速度が、もとの3つの条件によって異なっていたことであった。新たな刺激に最初に反応するようになったのは、はじめの刻印づけのときにその刺激を好まなかったヒナ、すなわち2つの刺激が同時に呈示されていた条件3のヒナであった。それぞれの刺激に刻印づけられていた条件1のヒナも、セッションの終わり頃になると、新たな刺激の強い制御を受けるようになった。刻印づけの経験を持たなかった条件2のヒナは、新奇な刺激が120分間呈示されても、あまり制御を受けなかった。しかし、さらに2時間にわたってこの刺激を呈示し続けると、彼らのディストレス・コールは新たな刺激によって強く制御されるようになった。その強さは、他のヒナとほぼ同じであった。

　以上の結果は、ある刺激に対する刻印づけが、第2の刺激に対する刻印づけを妨げることも遅らせることもないということを示している。それどころか、最初の刻印づけは、第2刺激による制御の発達を促したのであった。あ

る刺激に刻印づけられていたヒナは、刻印づけられていなかったヒナよりも早く、新たな刺激に刻印づけられたのである。

　私たちは、この実験のバリエーションを何年間にもわたって繰り返した。その結果、もし条件が適切であれば、子としてのきずなの対象は容易に替えられることがわかった。第2の刻印刺激はディストレス・コールを制御するだけでなく、追随反応の誘発も他の行動（例えば、ポールをつつくといった行動）の強化も可能だということもわかった。これは、最初に刻印づけられた刺激の機能と同じである。さらにまた、Mason and Kenny（1974）によって行われたサルの実験でも、似たようなパターンが示された。彼らはアカゲザルの子を、母ザルもしくは代理母となる抱きつくことができる物体と一緒に3ヶ月齢から10ヶ月齢になるまで育てた。その後、この社会的刺激源から引き離し、代わりに優しいメスイヌを呈示した。サルたちは、はじめはこのイヌに激しい恐怖反応を示したが、1日の終わり頃までには、イヌに近寄ってしがみつくようになり、まもなくイヌの後を追うようになった。子ザルもまた、新しい社会的きずなを形成したのである。

第9章
刻印づけにおける動機づけ基盤

　アヒルのヒナが刻印対象に示す、子としての反応の即時性から考えて、この反応は、その物体がもたらすある種の刺激への内的な要求（need）の現れと推測される。実際に、孵化直後のヒナは刻印対象を目にする前から「欲求行動（appetitive behavior）」と思える行動を示すことがしばしばあり、その行動は刻印対象をヒナがはじめて目にしたときに完了する[2]と、Bateson（1971）が報告している。ディストレス・コールはこの行動の一つなので、嫌悪的な内的要求の現れとみることができるかもしれない。しかし、この推論には問題がある。刻印刺激が呈示される前に生じるディストレス・コールが、その刺激を求めるヒナの内的な要求の現れなのかどうか、それとも嫌悪的で苦痛をもたらす環境に対する反応なのかどうかは、わからない。ヒナにとって完璧に心地よい場面、すなわちディストレス・コールが起こらない場面で刻印対象をヒナに呈示したら何が起こるのだろうかと、私たちは考えた。

刻印刺激に対する「内的な要求」は存在するのか？

　上で述べた問題を調べるために、次の実験を行った（Hoffman and Ratner, 1973a）。まず孵卵器の卵を監視して、卵の中でヒナがはじめてピーと鳴き

---

[2] 動物は目標に到達すると定型的な完了行動を示す。その前に動物が目標を探して探査する行動を欲求行動と呼ぶ。目標に達すると、欲求行動は消滅する。（デイヴィド・マクファーランド編、木村武二監訳、1993 「オックスフォード動物行動学事典」を参照）

始めた（ピップマークを示した）ときに、その卵を実験装置に移した。装置の被験体部屋の照明を点灯して孵化させたが、このとき刻印刺激は呈示されておらず、孵化直後のヒナが刻印刺激を見ることはない。このような状況でヒナを 17 時間、単独でそのままにしておいた。ポータブルヒーターと加湿器で、装置内の温度と湿度を孵卵器内と同じにした。ヒナの環境をできる限り快適にしようとしたのである。

この間に私たちは、ヒナの行動をテレビカメラと遠隔モニターで観察した。ヒナたちは、この環境を探索してときどき休んでいたが、刻印刺激を求めるような傾向は示さなかった。また数羽のヒナが時折ディストレス・コールを 1 回だけ発したが、ほとんどのヒナは鳴かなかった。17 時間経ったところで、私たちは刺激部屋を突然点灯してゴム製ブロックを載せたエンジンの電源を入れ、動く刻印刺激をここではじめてヒナに呈示した。この刺激を 10 分間呈示したところで、刺激部屋の照明を消してエンジンの電源を切った。これでヒナの刺激条件は、実質的に刺激呈示直前の状態にもどったわけである。

刻印刺激が 10 分間呈示されている間、ディストレス・コールは起こらなかったが、すべてのヒナが刺激に興味を示しているようであった。刺激の方を見ているだけのヒナもいれば、動いている刺激の後を追いかけるヒナもいた。それに対して、10 分経って刺激を取り除いたときのヒナの行動は、皆同じであった。すべてのヒナがディストレス・コールを発し始め、数分間鳴き続けたのだ。特に興味深いのは、このディストレス・コールが 10 分前と同じ状況、つまり刻印刺激がヒナに呈示される前と同じ状況で生じたということである。

したがってこの実験のヒナは、刻印刺激に対する先天的な要求を持つという証拠は示さなかった。そのような要求があるのなら、刺激呈示の前の 17 時間の間にそれは示されたはずである。しかし、そうはならなかった。刻印刺激が呈示される前のヒナはとても落ち着いており、ディストレス・コールはほとんど発しなかった。もちろん、17 時間以上刻印刺激を取り除いていたなら、要求状態が現れたかもしれない。しかしいずれにしても、この実験

結果からは次のことが言える。刻印刺激が呈示されるだけで、その刺激とのさらなる接触へのかなり強い要求が生み出されるのである。

理論構築のための取り組み

　上で述べた実験結果の意味についていろいろと考えているときに、問題全体を明らかにするような一連の出来事があった。最初の出来事は、ペンシルベニア大学心理学科に招かれて刻印づけの研究について話したときのことである。このとき、Richard Solomon 教授が聴衆の中にいることに気がついて、私はとても嬉しかった。コネチカット大学の大学院生だったとき、私は Solomon の回避行動を研究していた。彼の洞察の深さに非常に心を打たれ、彼の研究方法を見習おうとしたものだった。したがって、聴衆の中に Solomon 教授がいたことは、私にとってこの上なく光栄なことであった。講演は首尾よく終わり、興味深い討論もあった。しかし、その討論に Solomon 教授が加わったかどうかは覚えていない。

　1〜2週間後に再び刻印づけの研究についての講演を依頼されたが、今度はテンプル大学の心理学科であった。この大学も、ブリン・モア大学やペンシルベニア大学と同じくフィラデルフィア地区にある。そこで再び聴衆の中に Solomon 教授がいることに気がついたときの私の驚きを、ご想像いただけるだろうか。講演を終えて質問に答え、休憩のときに私は彼に尋ねた。数週間前のペンシルベニア大学での講演と同じテーマだとわかっているのに、なぜ来たのかと。彼の回答はこうであった。動機づけと情動についての理論を彼はブラウン大学の John Corbit と共に展開しており、私たちの研究がそれと直接関連していることがわかったのだという。私たちの研究結果の詳細を自分が正しく理解しているかどうかを、Solomon は確かめたかったのだ。さらに、共同研究の可能性について話し合うために、学生たちを連れて私の実験室を訪れてもよいかどうかと聞きたかったのだ。もちろん私は大歓迎だった。数週間後に Solomon は、大学院生数名と共にやって来た。

　実験室を案内された後、Solomon は自分の理論について語った。そし

て、その理論にもとづく予測をどのように検証できるかを示してくれた。その理論はもともと、嫌悪刺激による行動制御のダイナミクスと、嗜癖（addiction）において見られる動機づけの過程の多くを説明するためのものであった（Solomon and Corbit, 1974）。この理論によれば、情動を喚起する刺激（affect-arousing stimulus）の呈示およびその維持は、1次性の動機づけ状態（primary motivational condition）を引き起こす。刺激の特性に応じてこの状態は、ネガティブなもの（恐怖をもたらす刺激の場合）にもポジティブなもの（刻印刺激の場合）にもなりうる。この理論はまた、この1次性の動機づけ状態が、対抗環システム（opponent-loop system）によって、この状態に対抗する情動過程を自動的に喚起するとしている。この対抗する情動過程（対抗過程；opponent process）は、もとの状態に対抗して1次性の動機づけ状態の強度を低減させる情動過程である。この対抗過程はゆっくりと進行する。そして、ひとたび情動を喚起する刺激が取り除かれると、この対抗過程はゆっくり消失すると考えられている。対抗過程のこのような特徴から、興味深い予測ができる。つまり、ヒナにとって心地よい環境の中ではじめて刻印刺激が呈示され、そしてその呈示時間が短い場合には、対抗過程が徐々に進行するのではないか。刻印づけにおいて、この対抗過程はヒナにとって心地よいものではないだろう。したがって、刻印刺激の呈示中にこの対抗過程は次第に強くなっていくはずである。前述した研究のように刺激呈示が10分間のときには、この効果が観察されるとは限らない。なぜなら、対抗過程が10分でほとんど最高レベル近くまで達してしまった可能性があるからである。しかし刺激呈示が短時間であっても頻繁に行われるなら、この対抗過程が次第に発達するのが観察されるはずである。刺激が取り除かれるとディストレス・コールが生じる傾向が高まることで、それは確認される。

対抗過程の理論（opponent process theory）を検証する

前節で述べた予測を確かめるために、私たちは前の実験の基本的な手続きを繰り返した。しかし今度の場合、刻印刺激の呈示を10分間1回ではなく

1分間の呈示を何回も繰り返した(Hoffman et al., 1974)。前の研究と同様に、刺激が呈示される前の17時間、あるいはその後の刺激呈示中にディストレス・コールが生じることはほとんどなかった。しかし今度の場合、刺激が取り除かれると即座に強いディストレス・コールが生じるのではなく、刺激が取り除かれたときにディストレス・コールがゆっくりと生じた。

図16はディストレス・コールのこのパターンを示している。刺激の呈示を繰り返していくにつれて、刺激を取り除くことがきっかけとなって生じるディストレス・コールは次第に多くなった。これはまさに、対抗過程の理論に合致する現象である。この理論によれば、刻印刺激が取り除かれてから生じるディストレス・コールは対抗過程を反映した反応ということになる。この過程は、刺激の呈示中に発達し、刺激が取り除かれてもなかなか消失せずに残る。刺激の呈示と除去が比較的短時間の場合、刺激を繰り返し呈示するとその効果は累積的になるはずである。刺激が取り除かれてからのディストレス・コールのパターンが前の実験とは異なるのは、この理由による。前の

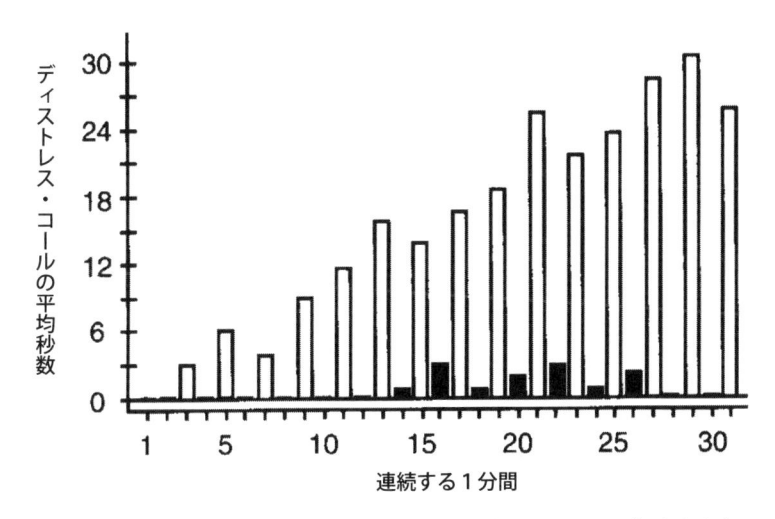

図16　刺激の呈示（黒い棒）と除去（白い棒）が交互に1分間ずつ行われたときのディストレス・コールの平均秒数
この実験のヒナたちは装置の中で孵化し、17時間後にテストが始まるまで、そこで何も邪魔をされずに個別に過ごした。

実験では刺激の呈示は10分間であった。おそらくこれは、対抗過程が高いレベルにまで発達するのに十分な時間であったと思われる。そのため、刺激が最後に取り除かれると、高レベルのディストレス・コールが起こった。それに対して今回の実験では、刺激の呈示は毎回1分間でしかなかった。したがって、対抗過程によってディストレス・コールが十分に発せられるようになるには、その対抗過程が十分な強さになる必要があり、そのためには刺激が何回も呈示される必要があった。

　2つの実験結果を合わせて考えると、刻印づけによって最終的に形成される愛着を理解する上での重要な示唆がもたらされる。特に、次のことが注目される。アヒルのヒナに刻印刺激を呈示すると、内的な要求とはかかわりなく、その刺激に対するヒナの要求をつくる。その要求の強さは、ある程度は、刺激の呈示時間が長いほど強くなる。

関連する薬理学的研究

　非常に興味深いことに、社会的きずなの形成に関する上述の解釈と一致するデータが、薬理学的研究から得られている。Pankseppらは、孵化直後のニワトリのヒナに脳室内注射（intraventricular injection）でモルヒネ（morphine）かエンドルフィンのどちらかをごく少量投与したところ、隔離されたヒナのディストレス・コール（隔離誘導性ディストレス・コール；separation-induced distress calling）が軽減されたのである（Herman and Pankseppe, 1978; Pankseppe et al., 1978）。これに対して、モルヒネ拮抗阻害体（モルヒネ・アンタゴニスト）であるナロキソン（naloxone）をヒナに投与すると、ヒナの隔離誘導性ディストレス・コールは増加した。さらにPankseppの他の実験的研究では、トランキライザーやバルビツル酸塩、あるいはアンフェタミンが大量に投与されても、隔離誘導性ディストレス・コールは軽減されなかった。この結果は、オピエート（アヘン剤）のようなペプチド（opiate-like peptides）の生成が社会的きずなの形成に媒介するという考えを立証する。この考えに、刻印刺激によって提供される刺激がこれらの

物質を生成するという考えを当てはめれば、孵化直後のヒナが刻印刺激に即座に子としての反応を示す理由を説明できる。

　刻印刺激がオピエートのようなペプチドを生成するという考えは、刻印刺激がおびえているヒナを落ち着かせることができる理由も説明できる。さらに、刻印刺激を取り除くことがヒナにとってなぜ非常に嫌悪的なのかも説明できる。図16で見られたように、刺激が呈示されるまで落ち着いていたヒナが、ひとたび刺激が呈示されてその刺激がなくなると、ディストレス・コールを発するようになるという理由も説明される。

　このような考えから、次のように結論できる。社会的きずなの形成にかかわる領域では、これに関連する行動をある種の嗜癖（addiction）行動と見た方がよい。社会的きずながエンドルフィンの生成によって媒介されるなら、アヒルのヒナの刻印づけと、他の生活体（ヒトもヒト以外も）の社会的きずなの形成には、多くの類似点が見られるはずである。次の章では、そのような類似点のいくつかを述べることにする。

第 10 章

ようやく解決されたミステリー

　ヒナがキーやポールをつついて刻印刺激にいつでも接近でき、刺激がそのたびに数秒間呈示される場合、立て続けに反応が生じてバーストになるときと、程度の差はあるが比較的長きにわたって反応が生じないときとが交互に現れる。第 2 章で述べたように、はじめてこの行動パターンを見たとき、つつき反応の単なるランダムなゆらぎ傾向の現れではないかと私たちは思った。しかしデータを詳細に統計的に分析すると、偶然以外の要因によって生じていることがわかった。この「要因」を明らかにしようとしたとき、私たちは壁に突き当たった。当初私たちは、社会的刺激に対するヒナの内的要求に関連したある種の剥奪（deprivation）や飽和（satiation）による効果と思い込んでいた。しかしデータは、この考えを立証しなかった。もし剥奪や飽和の過程によるものであるなら、刺激が長期にわたって呈示されなかった後のヒナの反応は、かなり長いバーストになるだろう。また、長いバーストの後には、つつき反応はしばらく生じないだろう。しかし分析の結果、このような関係を示す証拠は何一つ認められなかった。

　私たちのヒナは独特で極めて確実な行動パターンを示していたのだが、なぜそうなるのかはまったく不可解（ミステリー）であった。このミステリーがさらに深まったのは、私の子どもたちがアヒルのヒナと同じような行動パターンを示すことに気づいたときだった。当時よちよち歩きだった私の娘は、しばしば楽しそうに一人遊びをしていて、何分間も私の目の届かないところで遊んでいることもあった。しかしやがて遊ぶのをやめると、私を捜して私

の膝によじ上り、数分間そこで体をうずめるのだった。それからまた膝から下り、前にやっていたことにもどるか別なことを始めるのだった。このパターンが何度か繰り返された。私との接触はほんの一瞬ではなかった。しばらく遊びを止めて遊びを再開する前に、私がその場所にいるかどうかをちょっと確かめる、といった行動ではなかった。私のところにやってくるたびに、私との接触に十分な時間を必要としているかのようであった。うちの子どもたちが通っている協同託児所でも、これと同じ行動パターンを見た。妻と私は、その託児所でときどき手伝いをしていたのである。例えば、ある子どもが積み木遊びに興じていた。しばらくするとその子は、先生やお手伝いの先生を捜して、自分に注意を向けてもらいたがっているような行動をした。わからなかったのは、周期的に遊びを中断して大人の様子をちょっとチェックし、すみやかにそれまでの遊びにもどるという子どもたちの行動だった。

　何年間にもわたって私は、このようなバーストで生じる反応パターンについてあれこれと考えた。それが社会的きずなを維持する方法の基本的な側面を反映しているはずだと私は考えていた。しかしこのパターンの原因について素晴らしいアイデアを提供してくれたのは、当時大学院生であった Peter DePaulo 博士だった (DePaulo and Hoffman, 1980)。Peter は、社会的な愛着がエンドルフィンの生成によって媒介されるなら、反応バーストは Solomon and Corbit (1974) が嗜癖性行動 (addictive behavior) を説明するために提唱した対抗過程で生じるのかもしれないと指摘した。

　特に Peter は、バーストを記録すると 2 種類の系列依存性が見られるはずだと指摘した。まず、バーストが開始されたときそれが続く確率は、刻印刺激の呈示回数が増えるにつれて、つまり対抗過程が強くなるにつれて、大きくなるはずである。また、新たなバーストが始まる確率は、前のバーストから時間が経過するにつれて、つまり対抗過程が弱くなるにつれて、減少するはずである。

裏づけとなるデータ

　Peter の主張を検証するため、私たちはポールをつつかせる訓練を多数のヒナに対して行った。ヒナがポールをつつけば、強化事象として刻印刺激を短時間呈示した。それぞれのヒナに、2時間にわたるセッションを多数回行った。訓練セッションでは、刺激が取り除かれているときにヒナがポールをつつくと、動いている刺激が 10 秒間呈示された。(これまでと同様、刺激の呈示中にヒナがポールをつついても何も起こらなかった。——このようなことは滅多になかったが)。すべてのヒナが、これまでどおりバーストを伴ったつつきパターンを示した。

　これらのデータを集めて、2種類の系列依存性を求めた。まず、今起こっているバーストが続く可能性が、そのバースト中のそれまでの刺激呈示回数(すなわち刺激呈示の合計時間)にどの程度依存しているかを調べた。2番目の分析では、新しいバーストが始まる可能性が、前回のバーストが終わってから経過した時間にどの程度依存しているかを調べた。

　図 17 は前者の分析の結果である。この分析のために、連続する2回の刺激呈示の間隔が 30 秒を超えない場合にはそれらは単一のバーストに属すると定義した。バーストの大きさ(バーストサイズ)は、そのバーストでの刺激呈示の回数と定義した。サイズ1、サイズ2、サイズ3など各サイズのバーストの回数を、それぞれのヒナごとに集計した。この集計から、あるサイズのバーストを起こしたヒナが、続く 30 秒以内にさらにつつき反応を自発してそのバーストを続ける可能性がどのぐらいあるのか、その確率を求めた。

　図 17 の挿入図は、ヒナ E2 のこのような確率を示す。図 17 の大きい方の曲線は同じ確率を示すが、6羽のヒナのバースト頻度をもとにしている。最初のデータポイントは、あるバーストではじめて刺激呈示を受けたヒナが、続く 30 秒以内にさらに1回以上反応してそのバーストを続ける可能性(確率)を示している。この確率は、サイズ2以上のバーストの回数をサイズ1以上のバーストの回数(すなわち、バーストの総数)で割った値である。2番目のデータポイントは、すでに2回の刺激呈示が行われたバーストが、そ

の後も続行される可能性を示している。この確率は、サイズ3以上のバーストの回数をサイズ2以上のバーストの回数で割った値である。したがってそれぞれのデータポイントは、サイズN＋1以上のバーストの回数をサイズN以上のバーストの回数で割った値となる。この計算法では、あるサイズのバーストが引き続き起こる機会の数を、そのサイズのバーストが実際に引き続き起こった回数と比較している。

　図17で見られるように、今起こっているバーストの時間が長くなるほど、そのバーストがその後も続く可能性は高くなる。見たところ、バーストサイズに制限はない。（バーストを長びかせるそれぞれの新しい機会における反応の確率は必ず1.0未満なので、バーストが永遠に続くことはもちろんない）。

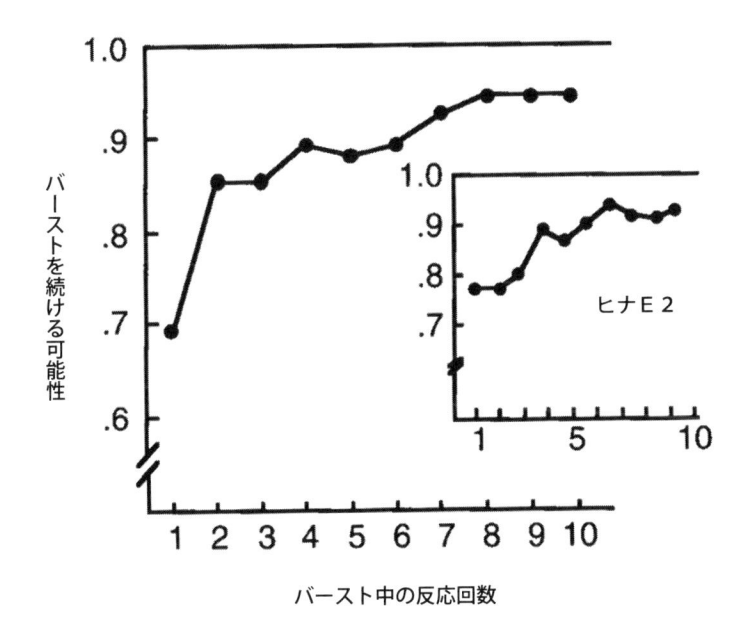

図17　現在進行している反応バーストのサイズに対して、そのバーストが続行される可能性 (DePaulo and Hoffman, 1980 の図を改変)

図18は、つつき反応の確率が前回のバースト終了後の経過時間に対してどのように変化したかを示した図である。図18で見られる曲線は、刺激が取り除かれてから次の反応が起こるまでの時間間隔の頻度分布から求めたものである。ここでも挿入図の曲線はアヒルのヒナE2の成績に基づくもので、大きな曲線は6羽のヒナのデータから求めたものである。最初のデータポイントは、刺激呈示が終わって30秒以内につつき反応が生じる可能性を示している。この確率は、30秒以下の刺激間時間間隔（interstimulus interval；訳者注：ある刺激呈示から次の刺激呈示までの時間間隔）の回数を、刺激間時間間隔の総数で割った値である。同じように第2のデータポイントは、刺激が取り除かれてから30秒以内につつき反応を自発しなかったヒナが、次の30秒以内（刺激が取り除かれた31秒後から60秒後まで）に反応する可能性を示している。つまりそれは、31秒から60秒までの刺激間時間間隔の回数を、この時間間隔が起こる機会の回数（31秒以上の刺激間時間間隔の総数）で割った値である。したがってそれぞれのデータポイントは、X秒からY秒までの刺激間時間間隔の回数をX秒以上の刺激間時間間隔の総数で割った値である。

　図17は、今起こっているバーストが長くなるほどそのバーストが続く可能性が高いということを示している。図18は、刻印刺激を目にしない時間が長いほどヒナがポールをつついてその刺激を求める可能性が低くなることを示している。愛着についての一般によく知られた考え方からは、このような結果は予想できない。相手の不在によって心がいっそう高鳴ったり、親密になったことによって相手を軽んじるようになったりはしないのだ。実際のところ、まったく反対のことが起こったのである。

　このような結果の意味をよく考えると、反応のバーストパターンのミステリーが解決された。ヒナがバーストで反応するのは、自らの情動状態の変化に反応しているからである。対抗過程の理論に従えば、エンドルフィンを誘発する刺激にヒナが出合った後でその刺激が取り除かれると、情動状態は変化するはずである。ヒナはその変化に反応する。したがって、餌や水

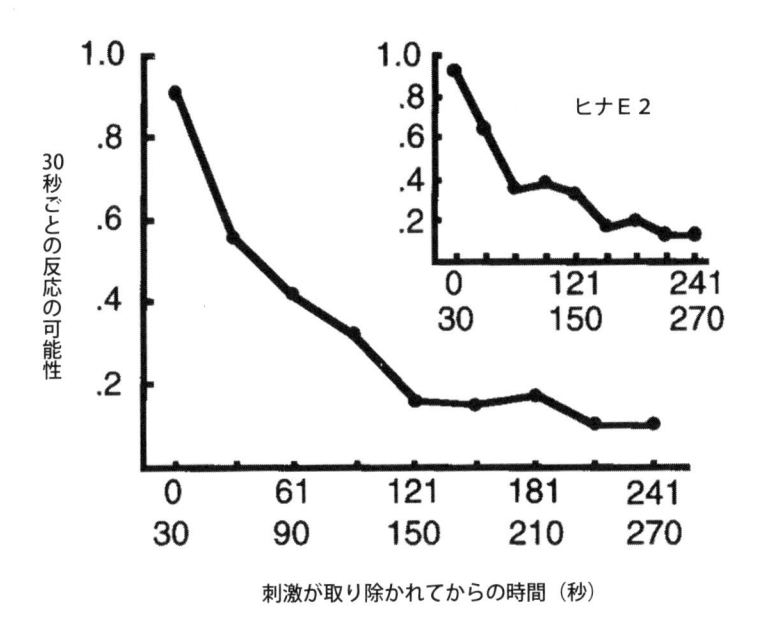

図18　刺激が取り除かれてから経過した時間に対するつつき反応の出現確率
(DePaulo and Hoffman, 1980 の図を改変)

に対する要求のような内的要求に反応しているわけではなく、ヒナは嗜癖（addiction）のダイナミクス（力学）に反応している。これが、ヒナがバーストで刻印刺激を捜し求める理由である。

霊長類やヒトとの関係

　対抗過程理論によれば、霊長類やヒトで社会的な関わりがもたれるとき、アヒルのヒナと同じようにエンドルフィンが生成され、これが媒介して情動が影響されるなら、ヒトを含む霊長類の愛着行動とアヒルのヒナの愛着行動の間に類似点が見られるはずである。実際、多くの際立った類似点がある。１日齢のアヒルのヒナが、適当な刻印刺激に向けて子としての反応をすぐに示すのと同じように、幼い子ザルは、しがみつくことのできる柔らかいもの

に向けて子としての反応を即座に示す（Harlow, 1974）。サルの場合もアヒルの場合と同じように、ある種類の刺激が子としての行動を生得的に誘発する。同様に、抱かれたりさすられたりすることへの新生児の反応は即時的で、学習されたものでないことは、すべての親が知っている。これらの種に対してここで作用している共通のメカニズムがあると考えてもおかしくはない。それは、ある種類の刺激がエンドルフィンを生得的に生成するというメカニズムである。

　はじめは中性的であった刺激クラスも学習（条件づけ）過程を経てエンドルフィンを生成するようになる、とも考えられる。アヒルのヒナの場合、刻印刺激の静的な視覚的特徴は、刻印刺激を動かしているエンジンの音と同様、当初はエンドルフィンを生成できず、それゆえにヒナのディストレス・コールを抑制できない。しかし動いている刻印刺激が呈示されるときは必ず、そのエンジン音を耳にし静的な視覚的特徴を目にすることになる。この連合の結果、はじめは中性的であったこれらの刺激特徴は、次第にそれ自体でエンドルフィンを生成できるようになり、それによってディストレス・コールも抑制されるようになる。同様のことが、ヒトの幼児でも起こっているのかもしれない。他者と区別される顔や声などといった母親の特徴は、はじめは中性的で子としての反応を誘発しないが、生得的にエンドルフィンを生成して子としての反応を誘発する母親の特徴と対呈示されることで、生来的な特徴と同じ機能を獲得するのかもしれない。

　このような比較をすれば、刻印づけを進化の視点で見ることができる。Jacob（1977）は、次のように指摘した。

　進化は、最初から新しいものを創り出すわけではない。進化は、すでに存在しているものに作用する。すなわち、あるシステムを変えてそれに新しい機能を持たせるか、いくつかのシステムを結びつけてより精密なシステムにするのである。(p.1164)

刻印づけも、この Jacob の原理の例外ではないと思われる。アヒルのヒナの刻印づけの際立っているように見える特徴の多くは、他のいろいろな種で見られる少数の基本的な行動過程から創られたもののようである。そのような行動過程の一つに、ある種類の刺激に対する即時的な子としての反応があり、これは多くの種で見られる。また、経験から利益を得る能力である学習能力も、そのような過程の一つである。昆虫でさえ、この能力を持っている。成熟も、そのような過程の一つである。アヒルのヒナが成長するにつれて新奇な刺激を恐れるようになるのは、この過程による。ヒトの幼児が 8 ヶ月ぐらいになると見知らぬ人を怖がるようになるのは、成長したアヒルのヒナが新奇なものを怖がるようになるのとよく似ている。

　愛着行動が互いに対抗する 2 つの過程の相互作用に基づくという考えは、さまざまな種の社会的きずなの形成にかなり統一的なイメージをもたらしてくれる。しかし、それだけではない。その考えによって、種間や同じ種の個体間でときどき見られる愛着行動のさまざまな変異も説明できる。あとは、このような対抗過程が自然場面でどのように機能しているのかを考えるだけでよい。

　まず、適当な愛着対象のなんらかの特徴は、子としての行動を生得的に誘発する。この刺激特徴は、エンドルフィンを生成することで子としての行動を誘発する。そのような対象が長期にわたって呈示されると、その対象の本来中性的であった特徴も学習過程を経て、子としての行動を誘発するようになる。この過程は古典的条件づけと見るのが最適と言えよう。ひとたびこの学習が起こると、その愛着対象は生活体にとって親密なものになる。なじみのない刺激を生活体が恐れるようになっても、その対象は子としての反応を誘発し続ける。

　このような相互作用の複雑さを考えると、愛着という現象には非常に多くの細分化されたものがあるはずである。愛着現象が種間でも個体間でも異なっている可能性は大きい。ある種の誘発刺激に対する感受性の強さは、生活体や種によってさまざまだろう。学習の速さや新奇なものを怖がることに

関わる成熟要因にも、個体差や種間の違いがあるに違いない。このように考えると、社会的きずなの形成が多様なものになる機会は十分にある。そのような変異をもたらしたのが進化なのだろう。

第 11 章

嫌悪刺激

ヒト以外の動物を実験で用いる

　自然は容易にその秘密を明らかにしてくれるわけではない。すべての科学者はそれを知っている。一つ一つの秘密を明らかにするには、なんらかの代価が必要である。ときには危険な場合もある。行動科学においても医学の場合と同じように、新しい情報を入手するには代償を伴う。それを支払うのは、しばしば実験動物（被験体）である。被験体が短期間の不便を被る場合、その代価は最少である。医学の研究でもあることだが、最悪の場合には大きな犠牲が求められ、その生命が剥奪されることすらある。この問題を避ける方法を私は知らなかった。そうでありながら、動物を被験体にせざるを得なかった。そのような理由で、科学者としての生涯を送ることを決めてから、研究に際してはできる限り安価な代償で新しい情報を手に入れるようにした。研究計画を立てるときは、求められている情報が、動物が支払わなければならない代償に見合うのかどうかをはっきりさせようとした。研究で得られた知識を応用することで人々の生活が良くなる可能性があるのなら、あるいは人の命が救われる可能性があるのなら、それがたとえ遠い先のことであっても、なんらかの嫌悪的な手続きを用いた研究は許されるだろう。そうでなければ、動物に苦痛を与える正当な理由はない。

　同僚の中には、動物の権利を主張するさまざまな団体によって実験室を荒らされ、実験動物が盗まれた者もいる。さらに、このような団体の抗議によって作られた政府の法律によって、研究のコストが大幅に増大している。いま

や動物を手厚く飼育管理することは、動物に苦痛や不快を与えないようにするためだけでなく、不適切な管理に対する個人攻撃を避けるためにも、考慮しなければならない重要事項になっている。しかし私の住む地域では、実験動物に与えられる施設と保護の方が、ホームレスの子どもたちに提供されるものよりも良いという事実を知って、私は驚き呆れた。

　この問題に私が目を向けるようになったのは、ある雑誌の編集者に送られた「ネズミの倫理上の地位 The moral status of mice」（Herzog, 1988）という題の書簡に出合ったときだった。その筆者が指摘したところによると、彼が研究している医学研究棟では、動物権利団体の圧力に応じて作られた大学の規則や政府の規則に従う目的で、動物管理設備に数百万ドルが使われているとのことであった。その結果、彼の研究棟では2種類のネズミが作られた。よいネズミと悪いネズミである。よいネズミとは実験動物のことで、清潔な場所で飼育され、専門家のチームによって手厚く飼育管理されている。そのチームの主な業務は、規則がきちんと守られるようにすることである。悪いネズミもこの建物の中で生活しているが、彼らの居場所は清潔とはとても言えない場所である。彼らは普段は、暗くて不潔で人気のない、見つけられにくい場所で生活している。彼らはいつもそのような所で生活しているが、ときにその中の一匹が餌を求めてホールでちょこちょこ走っていることがある。するとこのネズミを始末するために、あらゆる方法が試みられる。どのような方法も不適切と考えられることはない。それがどんなにひどい仕打ちであってもである。罠が仕掛けられたり、毒入りの食べ物がばらまかれたり、あるいはくっつくと身動きがとれなくなる粘着性の紙が敷かれたりする。生活権が守られているよいネズミと違って、悪いネズミの場合、そのような権利は一切認められていない。Herzogは、これは不思議な出来事だと記している。なぜなら、悪いネズミのほとんどは、かつてはよいネズミだったからである。彼らは贅沢な場所から逃げ出したネズミだったのである。

　このように話して、研究動物の使用における管理は必要ないと言っているのではない。実験動物の倫理的取り扱いを規則のみで規制しようとすること

が無益であると指摘しているのである。研究者側の(そして、取り締まる側の)倫理はもちろん必要である。幸いにも、ごくわずかな例外を除けば、私が長年知っている研究者たちは、とても倫理的だと思われる。

　私は研究を始めた頃から、動物の倫理的取り扱いの問題やそれについての自分自身の気持ちについて考えてきた。研究が進むにつれて、それは何度も繰り返し考慮されなければならない問題となった。短時間呈示される電気ショックがアヒルのヒナの、子としての反応にどのように影響するのかを調べるべきかについて学生と話し合っていたとき、刻印づけという文脈の中でこの問題を再び考慮した。しばらく議論して、この研究を進めることにした。子どもが社会的きずなを形成するとき嫌悪的な経験をするとどうなるのかを、もっとよく理解できると思ったからである。アヒルの研究が、人に当てはまるわけがないという人がいることは知っていた。しかし、この本の中で終始述べているように、それは私たちの立場ではなかった。

基本的な技術

　嫌悪刺激を用いることにした以上、それを安全かつ効果的に用いる方法を見つける必要があった。嫌悪刺激をどのようにいつ呈示すべきかを正確に制御する必要があったため、軽い電気ショックを使うことにした。ヒナの左右のつばさの付け根に細い1本の金の鎖を巻きつけた。この金の鎖を柔軟な髪の毛のような電線につないだ。この電線を、被験体部屋の上部に取り付けた回転軸から吊した(Barrett, Hoffman, Stratton, and Newby, 1971)。こうすることで、ヒナは部屋の中を自由に動き回ることができ、その一方で、私たちは必要に応じてヒナに電気ショックを呈示できた。赤外線ビームが被験体部屋を横切るにようにし、ヒナが刺激を追いかけるとそのビームがさえぎられるようにした。このようにして、アヒルのヒナの追随行動を自動的に記録して、この行動の出現に随伴する電気ショックを自動的に呈示した。

実験結果とそれが意味するもの

　Kovach and Hess（1963）は、刻印づけのときに短い電気ショックをときおり呈示すると、子としての反応傾向が高まる、と報告していた。すなわち、電気ショックを受けることで、ヒナは刻印刺激をそれ以前よりも追いかけるようになった。また、Moltz, Rosenblum, and Halikas（1959）は、刻印づけのときよりも、それ以前にショックを呈示した方が、アヒルのヒナの追随傾向が高くなると報告していた。後に、私たちの実験室でもこれと同じ結果を得た。Alan Ratner は、刻印刺激を取り除いたわずかな時間に、ショックを呈示すると追随が高まることを見いだした（Ratner, 1976）。

　これらの研究では、特定の反応や刻印刺激の呈示にショックが明確に随伴していたわけではなかった。そう考えると、刻印づけにおけるショックの呈示には、ヒナを刻印刺激に追随させたり刺激の近くにいさせる傾向を高めるような動機づけの効果があるのかもしれない。これらの動機づけの効果は、電気ショックと刻印刺激もしくは特定の反応との直接的な連合に依存しないとも言えるだろう。

　そこでショックを、特定の反応に随伴させるとどうなるかを調べた。その結果、刻印刺激に向けられるはずの子としての反応傾向が弱まることがわかった。James Barrett がアヒルのヒナの追随反応にショックを短時間随伴させると、つまりヒナの追随を弱化すると、ヒナはしまいには、この随伴性がある限り刺激に追随しなくなった（Barrett, 1972）。この点に関しては、ヒナが刺激に追随すると刺激が取り除かれるという反応随伴性を設定したときと同じ結果となった（第4章を参照）。

　以上のことから嫌悪刺激は、刻印づけの文脈で複雑な効果を持つと言える。嫌悪刺激を呈示するだけの操作は、子としての行動を維持する動機づけの基盤を強化する。しかし、ある反応が出現したときに限って嫌悪刺激を呈示すると、その反応は抑制される。たとえその反応（例えば追随反応）が普通なら促進されるであろう子としての行動の一側面であったとしても、抑制されるのである。

最後に、嫌悪刺激は刻印づけ特有の行動に、かなり興味深いかたちで影響することがわかった。上で述べたように、孵化直後のヒナに刻印刺激を呈示してヒナの反応とは無関係にショックを呈示すると、ショックを受けたヒナはショックを受けなかったヒナよりも刻印刺激に追随するようになる。もちろんこれは、嫌悪刺激が子としての反応表出の動機づけを高めるという結論と矛盾しない。それに対して、Barrett（1972）と Ratner（1976）は、ショックの使用を中止して刻印刺激（ゴム製ブロック。刺激部屋の片方の端で動いている）と新奇な刺激（刺激部屋のもう片方の端で動いている）の両方をヒナに同時に呈示して、どちらをヒナが選択するかを調べた。その結果、ヒナの選択は、新奇な刺激と刻印刺激との類似性に依存することがわかった。新奇な刺激が刻印刺激とまったく似ていなければ（例えば、回転灯）、ヒナは刻印刺激の方に近づいてそこに留まる。しかし同様のゴム製ブロックに知覚的区別をつけて（黒い縞を描いて）新奇な刺激とした場合、ヒナははじめの刻印刺激を避けて、この新奇な刺激の方を選んだ。2人の研究はどちらも、2つの刺激に対する固有の好みの傾向に関して統制を行なっていた。また Ratner の研究では、刺激を取り除いたときにショックを呈示しても、上述のような結果にはならなかった。したがってアヒルのヒナは、他のほとんどの生活体と同じように、嫌悪事象と、それを呈示しているときに存在している刺激とを連合することができると言えるだろう。その刺激に子としての行動を誘発する対象（例えば刻印刺激）が含まれるなら、ヒナがその対象に接近してそのそばにいる傾向は高まる。しかし、後でこの刻印刺激とそれに似た新しい刺激を選択させると、ヒナはこの新しい刺激を選ぶのである。

　したがってアヒルのヒナの場合、刻印づけの文脈における嫌悪刺激の効果の多くは、他の生活体において従来の文脈で見られた効果と基本的に同じと言える。従来の文脈では、嫌悪刺激には、さまざまな連合的効果や学習効果だけでなく、動機づけや活性化の効果もあることがわかっている。アヒルのヒナの刻印づけの文脈でも、これと同じ種類の効果がある。刻印づけのこのような効果を知ることで、人の社会的きずなの形成過程で呈示される嫌悪刺

激の効果を理解できる。この点は重要と思われる。

　人の場合、親が子どもに身体的虐待を行うとどのようなことが起こるのか。この問題は確かに、刻印刺激が存在するところで電気ショックを受けるとどのようになるかという問題とまったく同じというわけではない。アヒルと比べて人は複雑だから、人の場合の虐待の効果はもっと複雑だろう。子どもが身体的虐待を受けると、社会的きずなは、どのようになるのかという問題を社会が理解するなら、そしてその結果を改善もしくは防ぐための最良の方法を社会が学ぼうとするなら、どこか他のところで、人を使った実験を始めなければならないだろう。刻印づけの文脈で、嫌悪刺激が呈示されると何が起こるかを調べたことで、この問題に対するそれなりの口火が切られたのではないかと思う。私たちの実験結果は、虐待を受けた子どもは、虐待した親に強い愛着を持つ可能性があるという指摘の少なくとも裏付けにはなった。これこそまさに、刻印刺激が存在するところで電気ショックを呈示されたヒナが示したことである。

　私たちの実験結果から、次のような期待も持てる。それは、虐待を受けた子どもが、親代わりの人のもとで育てられなければならなくなった場合、子どもは自ら積極的に新しい親とかかわる可能性があるということである。ショックを受けたときに存在した刻印刺激と、この刺激に似た新奇な刺激を選択させると、ヒナは自発的に新しい刺激を好んだのである。したがって虐待によって強められた愛着は、別な対象に向けられる可能性がある。自然の連続性を考慮するなら、同じような効果が、人の場合にも十分期待されるだろう。

第 12 章

攻撃と刻印づけ

　数羽のヒナを同じ飼育箱の中で一緒に飼育すると、攻撃と言えるような行動はほとんど起こらない。しかし、その群れの中から1羽のヒナを取り出して数日のあいだ隔離飼育してから群れに戻すと、このヒナは攻撃的な行動を示す。ときどき他のヒナに近づいて、その頭や背中を激しくつつくのである。
　この行動を攻撃的と言えば、それは、つついているヒナは他のヒナを傷つけるよう動機づけられているということになることはわかっている。この解釈が正しいかどうかをアヒルに尋ねる方法はないのだが、標的とされたヒナの反応を見ると、つつかれることを嫌悪しているのは明白だった。つつきの標的とされたヒナは、すばやく退こうとしただけでなく、ディストレス・コールを頻繁に発した。飼育箱から飛び出そうとするものさえいた。それも当然であった。なぜならつつき反応は、標的のヒナのわき腹や背中を強打して、出血させることもあったからだ。つつき返すこともあったが、これはまれであった。つつかれたヒナのごく普通の反応は逃避であり、それに対して攻撃側のヒナのごく普通の反応は、標的のヒナを追いかけてさらにつつくことであった。
　このような攻撃行動を、隔離誘導性攻撃行動（isolation-induced aggression）といい、いろいろな種で観察されてきた。ニワトリのヒナ、マウス、ラット、霊長類などである。これらの社会的な種において、隔離という生活条件は、そうでなければ攻撃的に振る舞うことがほとんどないであろう動物を攻撃的にすることがある。

攻撃的動因？

　同種の個体間で見られる攻撃行動について、Lorenz（1966）やEibl-Eibesfeldt（1971）は次のような考えを提案した。つまり、自然の場面におけるほとんどの攻撃行動は生得的な攻撃的動因の現れであり、この動因は頻繁に消散される必要がある、という考えである。通常の状況では、この動因は、種に特有な様々な社会的信号のやりとりによって絶えず弱められており、そのような信号には、さまざまな脅しのジェスチャーや服従のジェスチャーがあるという。例えば、イヌやオオカミが牙をあらわにする行為は脅しのジェスチャーであり、尾を下に向けて後ずさりする行為は服従のジェスチャーである。種に特有なこのような社会的信号のやりとりは、おそらく攻撃的動因を消散させ、長い目で見るとその種の生存に危機をもたらしかねない明らかな暴力といえるような行動を抑制している。種に特有な社会的信号の力の劇的な例は、オオカミが支配をめぐって争うときに見られる。そのような争いは激しく、流血の事態になる場合もしばしばあるが、死に至るようなことは滅多にない。優位の者が劣位の者にまさにとどめを刺そうとしているようなとき、劣位の者は頭を後ろにそらせて自分の喉を勝者にあらわにする。それはあたかも、降参して相手が容易にとどめを刺すことができるようにしているかのようである。ここで興味深いのは、服従のこの究極のジェスチャーがまさに逆の効果を持つことである。勝者は突然、敗者に背を向け、静かに立ち去っていく。それはあたかも攻撃的動因が完全に消えたかのようである。

　種に特有な社会的信号が、攻撃的動因を消散させ、それを完全になくしてしまう力を持つように設計されているなら、これらの信号を長きにわたってやりとりできない場合、攻撃的動因は蓄積されることになるだろう。そしてしまいには、ひとたび適当な攻撃目標が現れたなら、その動因は明白な攻撃行動を引き起こすであろう。攻撃行動の動因についてのこの仮説や、社会的信号がその動因を弱めることができるという考えは、同種の個体間での明白な攻撃がそれほど頻繁に起こらない理由を説明できる。また、ある期間仲間から隔離された動物が、機会があれば攻撃的に振る舞う理由も説明できる。

したがって、アヒルのヒナを集団で飼育した場合、攻撃的な行動傾向がほとんど現れないのは、この行動を支えている動因が社会的信号のやりとりによってたえず弱められているからなのかもしれない。このうちの一羽をある期間隔離飼育すると、そのヒナは社会的信号のやりとりができないため、攻撃的動因が絶えず蓄積され、それを消散できずに攻撃行動が現れるのかもしれない。

　絶え間なく蓄積される生得的な動因によって攻撃が生じるという理論には、私たちのデータを説明できる十分な説得力があるように思われた。さらにまた、LorenzとEible-Eibesfeldtの研究では、この理論は人間のあらゆる種類の攻撃行動に適用され（うまく当てはまるように思われた）、幅広い支持を得た。フットボールやアイスホッケーのような激しい観戦スポーツは、表立った攻撃行動やあるいは戦争さえをも起こしにくくするために開催されるのだという。深刻な被害がなければ社会が認める攻撃的動因のはけ口は多くあり、上述の2つのスポーツはその2例に過ぎない。他にも、あらゆる競争的行為やますます流行している暴力的な映画や娯楽にも、この例を見ることができるという。

　しかし、このような一連の論法にはじめて出合ったとき、私には自然がそのようになっているとは思えなかった。Lorenzたちの解釈は、生活体には攻撃的である必要性があって、それに対してはほとんどなすすべがないということを意味している。Lorenz学派のこの考え方に出合うまで、私は攻撃を特殊な条件に対する反応と見ていた。攻撃のほとんどは防衛手段のひとつ、もしくは、自分の生命に必要な基礎的要求の一つが満たされないときのフラストレーション（要求阻止）に対する反応だと見ていた。しかし今、フラストレーションによって攻撃が起こるにしても、攻撃自体への基礎的な要求も存在すると聞かされたのである。さらにまた、この要求が満たされなければ、必ず攻撃が現れるというのである。

　攻撃に強く動機づけられているかのようなアヒルのヒナの行動を見て、私はかなりとまどった。隔離によってかなり強い攻撃行動が示され、それは以

前には仲が良かったヒナと一緒にしても出現したのである。この攻撃がほんの数日齢のヒナで起こったことは、事態の助けとはならなかった。攻撃が遺伝的に決定された生得的動因の表出であるなら、発達の初期に攻撃が生じてもおかしくないからである。

　この結果について、私は学生たちとかなり詳細に議論した。幼いヒナが、実際に腹を立てて攻撃をしているとは、私たちには思えなかった。ついにその中の一人（誰だったかは失念した）が、動物を隔離すると同種の他の個体と社会的信号を交わす機会をその動物から奪うだけではないのだろうと述べた。社会的なやりとりを特徴づける一種の強化的な刺激も、隔離によって奪われているのではないかというのである。そのコメントがきっかけとなって、今思えば、私たちの実験室における最も有益な実験の一つが開始されたのである。刻印刺激によって提供される刺激が強化的であることはすでにわかっていた。仲間から隔離されても刻印刺激のそばにいることができたヒナは、仲間の群れに戻されたとき攻撃的にならないのではないかと、私たちは考えた。これは、攻撃的要求など空想の所産だと言っているわけではなく、その可能性を問題としているのである。

　この問題を調べるための実験では（Hoffman, Boskoff, Eiserer, and Klein, 1975）、多くのヒナを個別に孵化させ、孵化後24時間のうちに2羽ずつのペアにして飼育した。このようにしてヒナの社会化を行ったのである。ヒナが2日齢のときに、次の実験条件のいずれかに割り当てた。1）数羽のヒナを1羽ずつ個別の飼育ユニットに入れた。飼育ユニットは窓ガラスで2つの区画に仕切り、そのうちの一つの区画にはヒナと餌皿と水皿を入れた。もう一つの区画には機械仕掛けの刻印刺激を入れた。この刺激は、糸で吊された10センチのゴム製立方体であった。ヒナは、飼育ユニットの窓ガラス越しに刺激を見ることができたが、触れることはできなかった。刺激は、連続して4時間周期的に動いた。これらのヒナは、刻印刺激からなんらかの社会的刺激を受けるので、「部分的隔離群」と呼んだ。2）別の何羽かのヒナは、個別の飼育ユニットに1羽ずつ入れた。これらの飼育ユニットも、窓ガラス

で 2 つの区画に分けられていた。部分的隔離群と同じように、ヒナの区画には餌皿と水皿が用意された。しかし、もう一つの区画には何も入れなかった。刻印刺激を呈示しなかったので、これらのヒナは「完全隔離群」と呼んだ。3）残りのヒナは、ペアのままで飼育を続けた。1 ペアにつき 1 つの飼育ユニットとした。これらのヒナは「非隔離群」と呼んだ。これらの新しい飼育条件のもとで 24 時間を過ごさせた後、1 日 20 分間の攻撃テストを始めた。

　完全隔離群と部分的隔離群のヒナには攻撃テストを 8 回行った。テストでは、各ヒナを非隔離群のヒナ 1 羽と一緒にして小さなアリーナ（競技場）に入れた。そこで 2 羽のヒナの攻撃的なつつき行動の回数を記録した。このために、攻撃的なつつき行動を、次のように定義した。1 羽のヒナが別のヒナをつつき、つつかれたヒナの即時的な引き込み反応を誘発するほど強いとき、その行動を、攻撃的なつつき行動としたのである。

　完全隔離群のヒナは、1 回のテストセッションで平均して 30 回未満の攻撃的なつつき行動を自発した。それに対して、部分的隔離群のヒナと攻撃的なつつき行動の標的になった非隔離群のヒナは、1 回のテストセッションで平均 14 回未満の攻撃的なつつき行動を自発した。部分的隔離群のヒナは、標的のヒナよりもわずかに多くつついた。しかし全体的に見て、部分的隔離群のヒナが攻撃的につつく傾向は、完全隔離群のヒナよりも標的になった非隔離群のヒナの方にかなり似ていた。

　これらの結果から、ヒナに刻印刺激を呈示すると、隔離誘導性攻撃行動はかなり抑制されると言えるだろう。この研究での刻印刺激は、ヒナから見ればいつも窓ガラスの向こう側にあった。そのため、ヒナと刻印刺激との直接的な触れ合いはなかった。さらにまた、生き物ではないゴム製ブロックが刻印刺激だったので、この刺激が種に特有な社会的信号（攻撃的動因を弱めると思われている）になるわけではなく、ヒナが提供する信号に応答するわけでもなかった。

　私たちの実験結果は、Lorenz や Eibl-Eibesfeldt が明言した攻撃に関する見解を満足させるものではなかった。隔離中に社会的信号のやり取りがなく

ても隔離誘導性攻撃行動が阻止されることを示した私たちの実験結果は、隔離誘導性攻撃行動が生得的な攻撃的動因の現れとする見解を否定した。通常、隔離期間中の刺激条件の中には、後の攻撃の原因となるものがあるはずである。これらの条件の中に子としての反応を誘発する刺激（例えば刻印刺激）が含まれるなら、長期にわたって仲間から隔離されたヒナであっても激しい攻撃行動を示すようなことはない。したがって、私たちが目にした隔離誘導性攻撃行動の重要な要因は、隔離によって強まる攻撃的動因が消散される機会を失ったことではないといえるだろう。子としての反応を誘発する刺激にヒナが出合えなかったことが、重要な要因なのである。

　子としての行動を誘発する刺激が長期にわたって存在しないとヒナは攻撃的になるが、その理由を説明するにはさらなる研究が必要だろう。ヒナの攻撃は、情動喚起刺激が取り除かれたときに顕著になると考えられる対抗過程への反応かもしれない。薬物乱用者が嗜癖薬を手に入れることができないと攻撃的になるのも、そのような理由ではなかろうか？　この問題は、その効果を詳細に調べるための特別な研究によって明らかにされることだろう。

第 13 章
刻印づけの文脈における社会的相互作用

　ヒトを含む多くの他の動物たちと同じように、自然界に生息するアヒルのヒナは、自分の母親に社会的な愛着を作るとき、同腹のヒナと接触を持つのが普通である。しかし、ほとんどの実験室では、母親の代わりとなる刺激が呈示される前のヒナは個別に飼育される。私たちが行った初期の実験の一つ (Hoffman, 1968) や攻撃行動を調べた研究（第 12 章）を除けば、これまで紹介した研究はすべてこの手続きに従った。ヒナは孵化してから個別に飼育され、刻印刺激は個別に呈示されたのである。

　しかし、ある理由で私たちは何かを見落としているように思えた。初期のある研究で、私たちはヒナの集団に刻印刺激を呈示したが、ヒナたちは互いに寄り添って、装置の中を移動している刺激にはほとんど関心がないかのようであった。そこで集団の中から 1 羽を取り出して、そのヒナに刻印刺激を呈示すると、個別に刻印づけられたヒナと同じようにディストレス・コールを止めたのである。集団場面では刻印刺激を無視しているように見えたが、すでにその場面で刺激に刻印づけられていたかのように、そのヒナは行動したのである。この結果と自然界で起こっていることを合わせて考えると、集団飼育は刻印づけを妨げないと言えるかもしれない。しかし私たちは、集団飼育の効果については、まだ調べていなかったのである。

　集団飼育の効果をはじめて私たちが問題にした研究（Gaioni et al., 1977）では、孵化直後のヒナを 10 羽、6 羽、3 羽の集団に分け、それぞれの集団ごとに飼育ユニットで育てた。そのユニットの中でヒナたちは、互いに触れ

合うことができたし、餌や水をいつでも摂取できた。1週間そのままにした後、各集団からさまざまな数のヒナを体系的に取り出して、残されたヒナのディストレス・コールを測定した。

ヒナを取り出さなければ、どの集団でもディストレス・コールはほとんどなかった。しかし、取り出すヒナの数をいろいろと変えてみると、残されたヒナの個体数が少ないほどディストレス・コールの回数は多くなった。さらに、残されたヒナの個体数が同じでも、もとの集団の個体数が多い方がディストレス・コールは多かった。例えば、6羽の集団から2羽が残された場合の方が、3羽の集団から2羽が残された場合よりもディストレス・コールは多かった。また、10羽から2羽が残された場合の方が、6羽から2羽が残された場合よりもディストレス・コールは多かった。それはあたかも、ヒナが自分の集団の大きさに敏感であるかのようであった。そして、集団の大きさが変わったときの彼らの反応は、この敏感さによって決定されているかのようであった。

その後いくつかの実験を行った結果、集団にヒナを加えても、また集団間でヒナを交換しても、ヒナのディストレス・コールが誘発されることはなかった。したがって、集団の大きさが小さくなることで生じたディストレス・コールは、単に特定のヒナが見えなくなったことで生じた反応でもないし、集団の大きさが変わったときに必然的に生じる刺激変化に対する反応でもなかった。

このような結果に、私たちは驚いた。2羽のヒナを一緒に飼育した場合、ディストレス・コールが生じることは滅多になかった。しかし彼らを別々にすると激しく鳴き始め、再び相手と一緒になるまで鳴き続けた。このような現象をいつも見ていたので、もっと大きな集団で飼育するならヒナを多少取り除いても仲間は必ずいるのだから、ほとんどの場合ディストレス・コールは抑制されると、私たちは考えていた。しかし、明らかにそれは間違っていた。集団で飼育されたヒナは、仲間が突然いなくなるとかなりストレスを受け、その強さはいなくなったヒナの数によって決まる。また、ストレスの強

さは、仲間がいなくなる前のその集団の大きさによっても決まるのである。

　このような実験結果から、アヒルのヒナの社会的相互作用の重要性の一面が明らかになったが、方法論の面から見ても意味があった。特に、社会的隔離が後の行動にもたらす効果を動物で調べ（攻撃行動を調べたときにそのようにしたのであるが）、その効果は隔離された個体がいた集団の大きさによって左右されることがわかった。私たちが攻撃について調べたとき、幸いにも、その効果は極めて大きなものであった。そのような結果を得られたのは、おそらくそれを調べるのに適した大きさの集団を私たちが使ったからであろう。かつての同僚 Mike Warren がよく言っていた。「もし選べるなら、賢くなるより運がいい方が絶対いい」

　集団が小さくなると、ヒナのディストレス・コールが激しくなることを確かめたので、そのようなディストレス・コールが刻印刺激の呈示でどのような影響を受けるかを明らかにすることにした。その研究（Gaioni, DePaulo, and Hoffman, 1980）で私たちは、実験者の手を刻印刺激に用いることにした。これまでの機械的なものよりも実験者の手の方が効果的かもしれないと思ったからである。個別に飼育されて成長したヒナは刻印刺激を見ると跳び上がって逃げようとした（第7章）ので、集団飼育されたヒナは刻印刺激をはじめて呈示されるとどうなるのかという問題に目を向けた。人の手を刻印対象にすれば、逃げようとするヒナの後をその手で追いかけることができ、それによって「強制呈示」の過程を早めることができるかもしれない。また実験者の手であれば、ヒナに触覚刺激を与えることができる。機械的な動く対象ではこれはできないが、触覚刺激は、自然界の母アヒルがヒナに提供するさまざまな刺激の中でも際立った要素である。触覚刺激が子としての反応を生得的に誘発する（おそらく、エンドルフィンの放出が促されることで）なら、手は特に効果的な刻印刺激となるかもしれない。そうなったら、この考えは正しいことになる。

　私たちは、孵化直後のヒナを3羽または12羽からなる集団に分けた。1日齢のときから、6日齢になるまで、20分から30分の刻印セッションを

毎日2セッション行った。実験者は、ヒナがいるユニットに手を入れて、多少でたらめにゆっくりと手を動かした。実験者の手がヒナに触れたりヒナが手に近づいてきたときは、数秒間そのヒナを優しくなでてから、再び手を動かした。

　7日齢になってから、ヒナを小さな集団に分け、ディストレス・コールを調べた。またディストレス・コールの傾向が刻印刺激、すなわち実験者の手が呈示されることでどのような影響を受けるかも調べた。結果は、前とまったく同じであった。その上、刻印刺激はディストレス・コールを強く制御した。わかったのは以下のことである。1）ヒナの数が少なくなるほど、ディストレス・コールが多かった。2）小集団からヒナを取り除いたときよりも、大集団から同じ数のヒナを取り除いたときの方が、ディストレス・コールが多かった。3）取り出されたヒナの数やもとの集団の大きさにかかわらず、刻印刺激が呈示されたときの方が呈示されないときよりもディストレス・コールが少なかった。

　2番目の実験では、次のことがわかった。5日間一緒に飼育された12羽の集団は、はじめて刻印刺激（この場合も実験者の手）に出合ったとき、ディストレス・コールを増加させて逃げようとした。しかし刺激を強制的に数時間にわたって呈示すると、逃げるのをやめて近づくようになり、くちばしを刺激にこすりつけるようになった。一般的に言えば、彼らは刺激に対して子のように振る舞ったのである。この結果は、隔離飼育されたアヒルのヒナでの実験結果（第7章）と同じであった。さらにこの後、幼いヒナで調べたときと同じように、大きな集団を小集団に分けて刻印刺激を呈示すると、隔離によって生じたディストレス・コールは強く抑制された。これらの結果から、集団飼育で形成されたアヒルのヒナ同士の社会的きずなは、適当な刻印刺激に対する社会的愛着の形成をさまたげないと結論できる。さらに、個別飼育のヒナの最初の社会的きずなと同じように、集団で飼育されたヒナのきずなの形成も、発達初期の短い臨界期に限られるわけではない。ここでも、自然は見た目より弾力的で柔軟だとわかる。

私たちはそれまでの研究で、刻印刺激の呈示が、隔離されたヒナのディストレス・コールを抑制するだけでなく、その直前のヒナの行動を強化することを確認していた。第2章で見たように、1日齢頃（いわゆる臨界期中）に呈示した刻印刺激をキーつつき反応に随伴する事象として呈示すると、ヒナはキーを絶えずつくようになる。そのときの刻印刺激は、動いているプラスチック製牛乳瓶や矩形のゴム製ブロックであった。このような機械的な刻印刺激ではなく他のヒナを刻印刺激とし、これをつつき反応に随伴する事象として呈示してもヒナは一貫してキーをつつくようになるのだろうか？　さらに、いわゆる臨界期が過ぎてから他のヒナをはじめて呈示した場合も、機械的な刺激の場合と同じ結果になるのだろうか？　成長したヒナのディストレス・コールを刻印刺激で抑制するために、その刺激を臨界期中に呈示する必要はなかった。これと同じことが、オペラント行動を強化する刻印刺激にも起こるのだろうか？　そして、他のヒナが刻印刺激でもそうなるのだろうか？

　これらの質問に答えるため、私たちは多くのヒナを孵化させて個別に飼育した。そして、1日齢または10日齢のときに、数時間にわたって刻印刺激を個別に呈示した（Gaioni, Hoffman, DePaulo, and Stratton, 1978）。半数のヒナへの刻印刺激は、これまで私たちが用いてきたゴム製ブロックで、残りのヒナへの刻印刺激は、別のヒナであった。刻印刺激とするヒナを小さなケージに入れ、従来の刺激と同様に刺激部屋の中央に置いた。ケージの中のヒナは、照明されている被験体部屋の中をいつでも見ることができた。しかし、被験体のヒナが刺激部屋の中を見ることができたのは、照明が点灯しているときだけであった。

　刻印刺激が呈示された翌日（刺激がゴム製ブロックでも別のヒナでも、刺激が1日齢で呈示されても10日齢で呈示されても）、私たちはキーつつき反応の「形成」を試みた。はじめはヒナがキーに近づいたときに、その後には、キーを実際につついたときに、刻印刺激を短時間呈示したのである。

　図19は、その実験の結果を示している。刻印刺激が早期に呈示されても

後で呈示されても、刻印刺激がゴム製ブロックでも別なヒナでも、同じパターンが現れた。つつき反応がバースト的に生じるときと、ほとんど起こらないときとが交互に現れたのである。

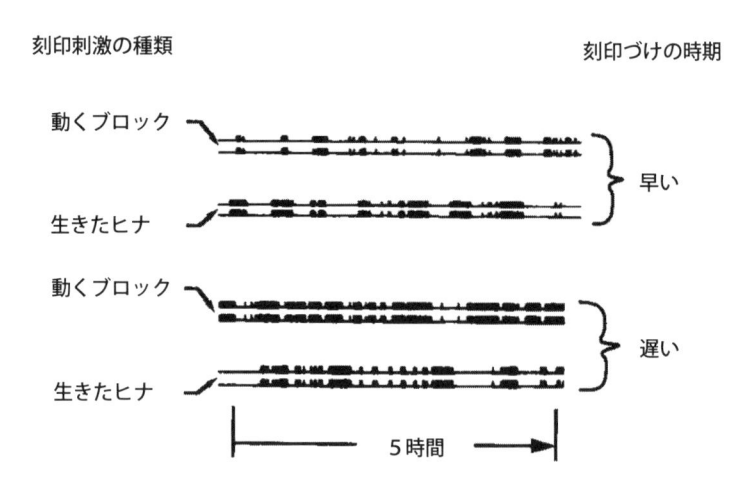

```
刻印刺激の種類                                    刻印づけの時期

動くブロック ─────────────────────
                                                    ｝早い
生きたヒナ  ─────────────────────

動くブロック ─────────────────────
                                                    ｝遅い
生きたヒナ  ─────────────────────
            ├──── 5時間 ────┤
```

図19　4羽のアヒルのヒナの反応記録（それぞれの条件につき1羽ずつ）
いずれのヒナのつつき反応も、刻印刺激の呈示によって強化された。

　本章で前述した結果と合わせてこの結果を見ると、明らかに次のことが言える。アヒルのヒナがある刻印刺激に対してポジティブな反応を示すようになると、子としての反応が全て現れる。その刺激対象はディストレス・コールを抑制でき、オペラント行動を強化できる。さらに反応は、バースト的に生ずる傾向がある。刻印刺激が早期に呈示されるか遅い時期に呈示されるか、あるいはその刺激が機械的な刺激か別のヒナかは、重要とは思われない。これらの結果に共通する基礎過程を想定すれば、すべて説明できる。そのような共通の基礎過程として考えられるのは、刻印刺激によってエンドルフィンの生成が促進されるということである。

第14章

オランダでの学会

　多くの研究者および私たちの研究の結果から、社会的きずなの形成に関する新たな考え方が生まれた。これらの研究の結果をまとめると、エンドルフィンの生成が媒介して社会的きずなが形成されるという思いもよらない結論となった。この過程を理解するには、このモルヒネのような物質の特徴と機能について、できる限り多くのことを知る必要がある。何がそのような物質を生成するのか？　その行動的効果は何か？　そのような物質の生理学的（薬理学的）効果は何か？　この物質が生成されなくなると何が起こるか？　社会的きずなの形成過程を自己生産的なオピエート（self-produced opiates）が媒介する嗜癖性の過程（addictive process）と考えるようになると、このような疑問をはじめ、多くの疑問が次から次へとわいてきた。

　私は1980年代にこのような問題を熟考し、今までのような行動的研究だけでは解決は望めないという結論にいたった。必要なのは、オピエートのような生理学的変数を直接操作する研究だと思った。そのような研究は、Pankseppと共同研究者たちが行っていた。そのような研究は、私ではなくその分野の経験と素質を持つ研究者たちに任せるのがいいと思うようになった。私は行動研究の方法には精通していると思うが、社会的きずなの形成に関わる神経生理学的な研究プログラムには、私よりもはるかに優れた専門的知識を持つ研究者が必要だと思った。そこで1980年代はじめに、私はアヒルの実験室を閉じることにした。

　数多くの専門的および社会的要因が、一人の科学者の研究の方向性を決

定する。このときの私に決定的な役割を果たした要因は、そろそろ2番目の研究領域に目を向ける頃ではないかと思ったことだ。それはその数年前に私の関心をとらえた領域で、数名の学生と取り組みはじめた驚愕反応に関する研究であった。この研究は、突然の爆発音に対する驚愕反応が、その音の呈示の約 0.1 秒前にかろうじて聞き取れるかすかな音を呈示することで、ほとんど消失するという私たちの発見に端を発している（Hoffman and Searle, 1965）。この効果を私たちは "プレパルス・インヒビション（prepulse inhibition: PPI）" と呼んだ。この研究に取り組み始めてこの基本的特徴を調べるのに、30 年を要した。

　いつかその取り組みについて本を書きたいと、私は思っている。さしあたって、科学の発展に関心を持つ人たちの興味をそそりそうなことを書いておこう。ロチェスター大学の友人 James Ison が、私とは別に、しかもほぼ同時期に、同じ効果を「発見」していたのである。それを私が知ったのは、自分たちの「発見」からかなり経ってからのことであった。さらに興味深いことに、Ison がその後、この研究の歴史を調べたところ、ロシアの科学者 Sechenov によって 1865 年にすでに発見されていたことが明らかとなった。驚いたことにその効果は、長い年月をかけて何度も発見（より正確に言えば再発見）されてきたのだ。少なくとも4回も。数年前に James Ison と私は、これらの発見を説明する準備にとりかかり、心理学の歴史におけるその役割を評価した（Ison and Hoffman, 1983）。歴史上の記録を並べて、プレパルス・インヒビションがどのようにして古典的条件づけと混同されるようになったかを、私たちは記した。どちらにおいても刺激がペアで呈示され、どちらにおいても反射が変化する。しかし古典的条件づけの場合、ある刺激によって誘発される反射は、もう一つの刺激にも誘発されるようになる。それに対してプレパルス・インヒビションでは、ある刺激によって誘発される反射は、その刺激に先行する刺激によって抑制されるのである。この2つの行動的現象が混同されたということは、研究者の関心がその時代の精神的風土の影響を受けていることを示しているように思われる。プレパルス・インヒビション

が研究されていた短い時期には、研究者たちの興味は古典的条件づけに向けられていたため、ほとんどの研究者は、この2つの現象が異なることに気づかなかったのである。プレパルス・インヒビションの歴史を調べて、研究というものが人々の関心事やその時代の精神に影響されることがわかった。興味ある読者は、これを心にとどめておいていただきたい。

プレパルス・インヒビションの研究だけではなく、私は長年の念願であった視覚と芸術に関する本 (Hoffman, 1989) も執筆した。刻印づけの論文は読み続けていたが、この分野の研究者と接触することはほとんどなくなっていた。しかし、オランダからの1通の手紙を受け取った。その手紙は、グローニンゲン大学の創立375周年記念イベントに関するものだった。その一環として刻印づけの国際会議を主催するとのことで、私はその会議に招かれたのである。

会議は、私にとって都合がよかった。その夏ヨーロッパに行く準備を、私はすでにしていたからである。イギリスのブリストルでの「視覚と芸術」会議に出席し、第2次世界大戦中に私が闘った、ベルギーのいくつかの場所を訪れる計画だった。歴史家である妻の Alice は、何年も前から口述史といえるような回想録の執筆を手がけていた (Hoffman and Hoffman, 1990)。その本には、18歳の一兵士としての私の回想も含まれていた。グローニンゲンからの招待状が届いた頃、Alice はその本をほとんど完成させていた。戦時の出来事があった現場を再訪すれば、もっといろいろなことが思い出されるのではないかと、私たちは考えていたところだった。そういうわけで、オランダでの会議に出かける準備は容易だったのである。

第5章ですでに記したが、その会議で議論された主なテーマは、刻印づけにおける学習の役割であった。この問題を直接扱った研究が、いくつか報告された。私と学生の一人が15年前に提唱した刻印づけの理論的解釈 (Hoffman and Ratner, 1973b) に直接関わる研究もいくつかあった。

第8章で述べたように、私たちが指摘したのは、刻印づけで生じる学習が、Pavlov が調べた連合過程、すなわち後に「古典的条件づけ」と呼ばれ

る過程の多くの特徴を示す、ということだった。刻印づけにおける学習はこの連合過程の一つだと、提唱したのである。グローニンゲンの会議では、刻印づけは即時的でもなければ不可逆的でもないと、一般的に認められるようになっていた。そして、なんらかの学習が関与するという見解は、一致していた。しかし、その学習を説明するために、古典的条件づけを用いるのが適切かどうかに疑問を呈する参加者も数名いた。目を引く刺激が呈示されるだけで、ニワトリやアヒルのヒナは、子としての反応を示し始め、その刺激の特徴を学習するという証拠が報告された。これについて、第17章でさらに述べることにする。

　この会議で議論された別の問題は、前脳前方の頂のせまい領域（上線状体内腹側部：intermediate zone of the medial hyperstriatum ventrali）の機能についてであった。脳のこの部位（IMHV）の代謝は、刻印づけの最中に活発になることがわかっている。会議では、Brian McCabe とともに刻印づけに関わる脳の構造を明らかにした Gabriel Horn と Patrick Bateson の2人が、さまざまな実験結果を報告した（Horn, 1985）。IMHV が破壊されると、ニワトリのヒナは刻印刺激と新奇な刺激の弁別ができなくなるが、オペラント反応は刻印刺激によって強化され続ける、という報告であった。彼らの実験結果のこのような矛盾は私たちの見解に一致すると、私は思った。すなわち、一つの刺激に中性的な特徴と生得的に強化的な特徴の両方が存在する場合、中性的な特徴はオペラント行動を強化する機能を学習によって獲得し、その過程が刻印づけである、という見解である。IMHV が破壊されると、この学習が妨げられるか、この効果がなくなるかのどちらかになるだろう。

　この会議に私は満足した。刻印づけについて明らかにされなければならないことはいまだ多く残されているとしても、私たちの研究の成果のほとんどは、その後の研究によって支持されたのである。特に嬉しかったのは、学習に目が向けられたこと、それによって社会的きずなの形成の新しい解釈がなされたことである。前のイギリスの会議では刻印づけは取り返しのきかない硬直した過程であるとする解釈が主流であったが、自然はもっと柔軟で可

塑的であるという見方が広まったのである。私は刻印づけに新たな興味を抱き、それについての私の考えをいつか執筆しようと心に決めて、オランダを後にした。その機会は数年後に訪れた。それは、ブリン・モア大学の専任教員の職をそろそろ辞して、名誉教授職に就こうと決意したときだった。その年、招かれてケンブリッジのキングスカレッジで 1 セメスターを過ごすことになった。同校の学長は Patrick Bateson で、彼は Gabriel Horn と刻印づけを研究していた。彼らの研究の厳密さに、私はいつも感心していたので、キングスカレッジでの 1 セメスターは、彼らの研究の成果から最新の情報を仕入れる機会になるだろうと思った。したがって、私が旅の準備に取り掛かるまでには、ほとんど時間はかからなかった。おそらく 15 秒ほどであっただろう。

第15章
ケンブリッジで過ごした1セメスター

　1992年の4月から、私はケンブリッジに滞在した。イギリスの春、それは詩人たちが語っているように、荘厳な時である。古い建物、完璧に刈り込まれた芝生、手入れのいきとどいた花壇のあるケンブリッジは、筆舌に尽くし難い美しさであった。この大学を特徴づける旺盛な知的活動にとって、これ以上の環境は想像できない。Newtonが運動の法則を記した部屋も、WatsonとCrickが2重螺旋のなぞを解いた部屋も、ここにある。かくも多くの優れた科学の発祥の地がケンブリッジであることに、不思議はなかった。その環境は完璧だった。

　到着後すぐに、マディングリー（Madingley）の動物行動学科（Sub-Department of Animal Behavior）を案内された。マディングリーはケンブリッジの2つあるキャンパスの一つで、刻印づけの研究はそこで行われている。緑地の中央に小さな研究棟群があり、ケンブリッジ中心部からは約8キロ離れている。鳥類の刻印づけの研究にとてもよい環境が整っているのに加えて、ヒトの乳児の社会的愛着を科学的に研究する小さな実験室もある。この研究では、親の協力を得て乳児を新奇な場面に置き、片親か両方の親が部屋を立ち去るときの反応を調べている。この手続きは、刻印づけの研究で用いられているものと同じである。

　マディングリーには設備の整った霊長類センターもあり、野外に設けられた囲いの中にアカゲザル（rhesus monkeys）のコロニーがある。この霊長類施設は、トリとヒトの間隙にあるニッチ（niche; 生態的地位）を占める動物

種の社会的発達を調べる上で、非常に優れた環境を提供している。

　囲いの中で動き回っているサルを見ている間に、雨が激しく降り始めた。サルたちはドアに足を踏み入れるだけで部屋に入れるのだが、驚いたことにどのサルもそうしなかった。雨が降るときはいつもそうだという説明であった。私の驚きは、主観的な擬人主義に陥りがちな私の性癖によるものであろう。そうならないよう心がけているのだが、ついやってしまう。私なら、雨を避けて家の中に駆け込むはずである。

　いずれにしてもマディングリーは、発達を研究する上で素晴らしい場所だと感銘を受けた。他の多くの人も同じように感じるはずである。なぜなら、ここで研究をしたことのある科学者の中には、世界中のそうそうたる顔ぶれが含まれているからである。

重要な違い

　百聞は一見にしかずと言うとおり、マディングリーを直接見たことで明らかになったことがある。ケンブリッジで行われている刻印づけの実験論文のほとんどに私は目を通してはいたが、ケンブリッジの研究と私の研究の相違点と類似点がわかったのは、この研究施設を訪れてからのことである。

　違いはたくさんある。それをこれから述べていくが、どれもさして重要な問題ではない。ケンブリッジでは刻印づけの被験体としてアヒルのヒナが用いられることはあるが、ほとんどはニワトリのヒナ（domestic chicks）であったし、今もそうである。私の実験室と同じように、ヒナは暗い孵卵器の中で孵化する。しかし、ケンブリッジでは、ヒナは1羽ずつ隔離された状態で孵化するわけではない。仲間のヒナと共に孵化し、孵化後すぐに個別の区画に移される。そこでは、他のヒナの声を聞けても、他のヒナを見たり触れたりすることはない。この手続きは、私たちの手続きとは若干異なっている。私たちは、アヒルのヒナが孵化するとき、聴覚的にも触覚的にも視覚的にも、必ず隔離した。そのため、ヒナが殻から出る寸前に発するピップマークがはじめて確認されたら、一つ一つの卵に小さな箱をかぶせた。

図20 ケンブリッジの実験室で刻印刺激として用いられている刺激対象
刻印刺激として呈示されるとき、これらは回転し、ライトで照らされる。
(Horn, 1985 の図 2.2 を改変)

何年も前に、私は刻印づけの文献を読んで次のように考えた。刻印刺激がはじめて呈示される前に他のヒナとの接触があると、刻印づけは起こらないか、あるいはかなり阻害されるのではないか。しかし、私の最後の研究（第13章）とこれから述べるケンブリッジでの研究から、必ずしもそうではないことが明らかになった。

ケンブリッジの実験室と私の実験室の重要な違いは、用いられている刻印刺激の種類にあった。図20は、ケンブリッジで使われている刻印刺激のいくつかである。図21は、図20の野鶏（jungle fowl）の代わりとして用いられているテスト刺激のいくつかである。

これらの刺激を示したのは、ケンブリッジの科学者たちと私自身のアプローチの根本的な違いと思われるものを示すためである。図20の刺激を使った研究で明らかになったのは、回転する野鶏の剥製の方が、回転する箱や筒よりも、ニワトリのヒナにとって魅力的な場合がある、ということである。図21の変形刺激対象は、野鶏の剥製によって誘発される強い愛着行動が、野鶏のどのような視覚的特徴によるものかを明らかにするために使われた。

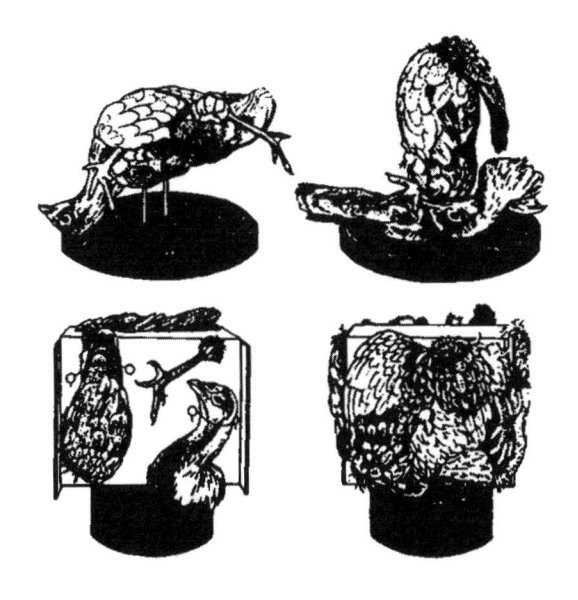

図 21　野鶏の剥製の部位をでたらめにつなげた変形刺激対象
(Horn, 1985 の図 8.12 を改変)

それによって、頭と首に関連する特徴が重要な要因であることがわかった（Johnson and Horn, 1988）。私は、アヒルの剥製を刻印刺激に用いようと思ったことはなかった。その理由は主に、動くゴム製ブロックで十分に目的が達成されたことである。その刺激を呈示すればそれは強化子となるし、取り除くとディストレス・コールが誘発された。このような理由と、私の興味がアヒルそのものにあったわけではなかったという理由で、アヒルのヒナにとってより魅力的と思われる刻印刺激を見つけようとはしなかった。実験心理学者として私は、発達初期の社会的きずなの力動（dynamics）を理解しようとしたのであり、アヒルのヒナを使ったのは、彼らの行動がそのきずなの特性について何かを語ってくれると思えたからである。しかし、ケンブリッジの科学者はもっと広い問題に関心を抱いていた。彼らは、発達初期の社会的きずなの行動的力動だけでなく、自然界におけるその特徴ならびに神経生理についても理解しようとしたのである。

ケンブリッジのアプローチと私のアプローチのもう一つの違いは、反応随伴性の効果をどれほど重視するかという点にあった。私たちは、愛着の指標としてディストレス・コールを評価するとき以外は、特定の反応随伴性を設けた。すなわち、特定の反応が出現したら刻印刺激はこの反応に随伴して呈示された。その特定の反応とはたいてい、被験体部屋の天井から吊されたキーやポールをつつくことであった。ケンブリッジでも特定の反応に刺激呈示を随伴させることはあったが、ほとんどの場合、刺激はヒナの行動にかかわらず呈示された。図22は、ケンブリッジの多くの研究で見られる実験装置の配置である。

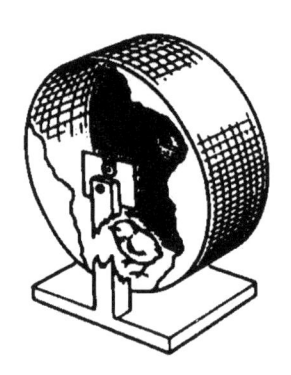

図22 ケンブリッジの実験室でよく用いられる実験設定
刻印刺激が呈示されるとき、刺激対象は回転しライトで照らされる。愛着行動の強さは、ヒナがその対象に近づこうとして回した輪の回転数で示される。(Horn, 1985の図3.2を改変)

回転輪の中にヒナを入れ、ヒナが刺激に向かう傾向もしくは遠ざかる傾向を、ヒナが輪を回す回数で調べるのである。通常、どちらの方向にヒナが輪を回しても、また回さずにじっとしていてもいなくても、それによって刺激が呈示されることも取り除かれることもない。ディストレス・コールを調べることもあるが、ほとんどの研究で問題とされたのは、ヒナが刺激に近づこうとしたときの輪の回転数であった。

刻印づけと神経系

　マディングリーの研究室を訪れた数日後、私は大学の中心部にある動物学科の実験室を訪問した。学科長である Gabriel Horn は、私と妻の数ヶ月間にわたるケンブリッジの滞在場所を、この場所に用意してくれていた。Horn と Bateson は、ここで独創的な刻印づけの神経生理学的研究を行っており、それはまさにそのときその場所で精力的に行われていたのである。

　私が着くと、実験のテストセッションを見るよう勧められた。刻印づけられたヒナの脳細胞の活動に刻印刺激がどのような効果をもたらすかを、最新のテクニックを使って調べることになっていたのである。その手続きは「ユニット記録法」と呼ばれる。ユニット記録法は、1950年代にネコやサルを使った研究で用いられるようになった。それ以来、この方法によって、神経系のいろいろな構造や機能的な特徴について多くのことがわかるようになった。刻印づけの文脈でユニット記録法をはじめて使ったのは、Brian McCabe と Gabriel Horn であった。彼らはヒナに麻酔をかけて、その神経活動を調べた。しかし、ごく最近になってその手続きは改良され、今や麻酔を使わず、自由に動き回るヒナでユニット記録法ができるようになった。

　私が見たテストセッションは、数ヶ月前にこの実験室で研究を始めた Alistair Nicol という有能な若い科学者によるものだった。孵化後約20時間のヒナに、図22で示した箱を回転させて数時間呈示した。この訓練の直後にヒナは麻酔をかけられ、右側の IMHV の中に精密な記録用電極が外科的に埋め込まれた。その翌日には、回転輪の中にヒナを入れ、回転する箱やさまざまな新奇な刺激を呈示した。そして、そのときのヒナの神経活動を記録した。

　ケンブリッジの科学者たちのそれまでの研究に、私は非常に感銘を受けてきた。テストが行われる部屋への道すがら、私は考えていた。これから見る記録法が成功したなら、ケンブリッジでの研究によって、刻印づけだけでなく、おそらく学習や記憶といった他の重要な過程についての私たちの認識は大刷新されるかもしれないと。その一方で私は、ユニット記録法に必要とさ

れるテクニックによって、刻印づけ特有の行動が妨げられるのではないかと心配した。しかし、それは杞憂であった。

　部屋に入ってまず驚いたのは、前日手術を受けたヒナがかなり回復しているように見えたことだ。髪の毛のような柔軟な電線が頭部から記録計に伸びていることを除けば、ヒナはまったく普通に見えた。不快な様子はまったく見られなかったし、テストでは元気に機敏に行動していた。その行動は、電極が取り付けられていないアヒルのヒナ、つまり私の実験室で刻印づけられたヒナの行動とほとんど同じであった。回転する箱が呈示されている間、ニワトリのヒナは嬉しそうなピーピーという鳴き声（コンテントメント・コール；contentment cheeps）を発して刺激に近づこうとした。もちろんヒナは回転輪の中にいるので、このような努力は徒労に終わる。しかし、ヒナが回転輪を回した数は、子としての反応の強度を示す指標となる。刺激部屋を暗くして箱の回転を止め、箱の中のランプを消すと、刺激は取り除かれることになる。すると、ヒナは走るのを止めてディストレス・コールを発し始めた。しかし、この行動は、刺激が取り除かれて3～4秒以上経ってから起こることに、私は気がついた。刺激が取り除かれた直後（3秒未満）は、刺激に向かって走り続け、コンテントメント・コールを発し続けることがしばしばあった。

　ニワトリのヒナのこのような特徴的な行動を観察したのは、私にとって有益であった。刻印刺激が取り除かれたときのニワトリのヒナの行動の仕方は、刺激が取り除かれている時間が短くても長くても、アヒルのヒナの行動の仕方（第3章）とほぼ同じであった。かなり古い研究になるが（Hoffman and Stratton, 1968）、刺激の呈示と除去を等しいサイクルで繰り返すと、刺激の除去が5秒未満のときディストレス・コールがほとんど生じないことがわかった。刻印刺激が取り除かれてディストレス・コールが出るまで、普通は数秒かかり、刺激が呈示されるとすぐにディストレス・コールが終了することもわかった。Alistairのニワトリのヒナも、これとまったく同じように行動したのである。

このような行動の一貫性を見て、私はとても嬉しかった。行動に一貫性があるということは、ケンブリッジの手続きと私たちの手続きの間には多くの違いがあるにもかかわらず、2つの実験室での一連の研究が、同じ行動的効果を明らかにし、刻印づけの特性について同じ結論を導いたということを意味する。さらに、神経系の活動を評価するためのユニット記録法の手続きが、普通に見られるヒナの行動を妨げないということも意味する。テストを受けた他のニワトリの反応も、この主張を裏付けた。例えば、回転する箱の代わりに、図20の筒を回転させて新奇な刺激としてヒナに呈示すると、ヒナはこの刺激に向けて反応しなかった。また、この回転する筒を呈示したり取り除いたりしても、ディストレス・コールに変化はなかった。ニワトリのヒナは、成長したアヒルのヒナがはじめて新奇な刻印刺激を見たときの行動と非常によく似た行動を示したのである。また、成長したアヒルに新奇な刺激のそばにいることを強制すると、刺激に注意を払わなくなるのではなく、子としての反応をその刺激に向けるようになる。これと同じことがニワトリのヒナでも起こるのか、つまり新奇な刻印刺激を繰り返し呈示すると子としての反応を始めるのかと、私はAlistairに尋ねた。そのとおりだと彼は答えた。

　ケンブリッジのニワトリの反応と私たちのアヒルの反応で、似ている点がもう一つあった。それは、ニワトリのヒナに音を呈示したときに明らかになった。この音は、箱を回転させてヒナにはじめて呈示したときに一緒に呈示した刺激である。これまでこの音刺激のことを述べなかったが、刻印づけの実験セッションが行われている間、ヒナはテープに録音されたコッコッというメンドリの鳴き声をいつも聞かされていた。しかし、回転する赤い箱がテストで呈示されたとき、音は呈示されなかった。ただし、その後で、この赤い箱を取り除いて、メンドリの鳴き声を周期的に聞かせるテストを行うと、ヒナはいつも音のする方向に走ろうとし、コンテントメント・コールを発した。音が止まると走るのをやめてディストレス・コールを発した。このヒナの行動は本質的に、刻印刺激がないところで音だけが呈示されたときのアヒルのヒナの行動とまったく同じであった（Eiserer and Hoffman, 1974）。第8章

で述べたように、刻印刺激をアヒルのヒナに呈示したとき、その刺激を動かす模型電車の音も呈示したところ、その後この音だけでアヒルのヒナのディストレス・コールを抑制することができた。

これに類似した効果が、ニワトリにおいて、聴覚学習と子としての刻印づけとの間にあることが報告されている（Van Kampen and Bolhuis, 1991）。それを知って、私は興味を覚えた。Alistair は、メンドリのコッコッという声を回転している箱と一緒に呈示すると刻印づけが強められると語った。

実験中、Alistair は注意深くオシロスコープのスクリーンを見つめていた。刻印刺激が呈示されているときのヒナの神経の電気的活動が、このスクリーン上に示されていた。テストセッションが1時間経過したところで、予想と異なる結果になったと彼は述べた。ケンブリッジでのこれまでの研究によれば、刻印刺激が呈示されているとき、右のIMHVの神経活動は、これ以前の研究（別のヒナを用いた）で左のIMHVにプローブを置いて得られた高レベルの神経活動よりも低くなるはずであった。そのヒナはテストされるヒナの最初の1羽でしかなかったし、その結果が信頼できるものかどうかをはっきりさせるには、このヒナの記録を統計的にさらに解析する必要があった。しかし、その必要はなかった。私が知っているすべての優れた研究者たちと同じように、Alistair は記録の特徴について知っていたからである。彼は、その記録の意味を直感したのである。

予想と異なる結果になったと Alistair が言ったとき、刻印刺激が突如としてディストレス・コールを制御できなくなったと、私たちは驚いた。しかし、この問題は、ヒナではなくて装置の問題であることがわかった。刺激の呈示を制御する電気回路に問題が起こっていたのである。その結果、刻印刺激を照らすランプが点灯しなかったのだ。ヒナの行動にまったく問題はなかった。当然、ここでテストを中止せざるをえなかった。テストの再開は装置を修理してからということになる。このような中断は、私の実験室でもよく起こった。新しく開発された装置で新しい問題を検討するとき、このようなトラブルはほとんどさけられない。実験中に何かがうまくいかなかったとき、

問題が被験体ではなく装置にあると、私は元気づけられたし、それはおそらく Alistair も同じだろう。この出来事は、心理学者として歩み始めた頃に学んだ重要な真理を、私に思い出させてくれた。それは、行動は装置よりもはるかに信頼できるということである。

　ケンブリッジの科学者たちの努力に深い敬意を抱いて、私はその実験室を後にした。グローニンゲンでの体験で、次のことが明らかになっていた。それは、刻印づけの分析によって、その過程はかなり可塑的であり、その意味で、それはその名前よりも寛大な現象であるということが示されたということである。私自身の研究はその方向を示しており、オランダやケンブリッジの研究も同じ方向であった。私が目にしたばかりのことは、最も期待できる次なるステップの始まりであった。刻印づけを媒介する神経ユニットのオンラインでの記録ができることが証明された。それを可能にしたケンブリッジの Horn たちは、技術的な大偉業をなしとげたと言えるだろう。

　ケンブリッジでの滞在中、ユニット記録法のテストを見る機会は他にも何回かあった。毎回、ニワトリたちの行動は何年も前に私がアヒルで見た行動とほとんど同じであった。それだけではない。ユニット記録法は、ニワトリのヒナの IMHV のいくつかの神経細胞が、刻印刺激が呈示されると必ず活性化されることも示した。しかし、新奇な刻印刺激が呈示されても、これらの細胞の活性の速さが変わることはほとんど、もしくはまったくなかった。

　これらの神経細胞の活動は、かなり前にプリンストン大学で発見されていまや有名になっている脳細胞の活動（Gross, 1972）と多くの点で似ている。歴史上重要なその研究では、麻酔をかけられたサルの網膜上にさまざまな視覚パターンを呈示し、そのときの脳の下側頭皮質（inferotemporal cortex）と呼ばれる領域の神経細胞の活動（unit activity）を調べた。この過程で、非常に特殊な機能を示した一つの細胞が見つかった。この細胞の活動を実質的に高めた唯一の刺激パターンは、サルの手の視覚像であった。正方形や星型の視覚像には効果がなかった。人の手の視覚像ならばある程度の活動が見られたが、サルの手の視覚像、それも指を伸ばした視覚像に対して、かなりの

活動が生じた。さらに、この視覚像がサルの視野のどこに呈示されようと、どの方向であろうと、ほとんど問題とならなかった。それは、その細胞が、あたかもサルの手の神経的表象を処理して貯蔵する脳部位であるかのような結果であった。

　刻印刺激の呈示によって活性化される細胞は、この「サルの手」の細胞と似ている。異なる点は、前者の場合、以前に刻印づけられた結果として生じる活動だということである。私の考えでは、刻印刺激によってIMHVの神経細胞が活性化されるという注目すべき結果は、以前に呈示された刺激をヒナが再認するとき活性化される神経回路の一部がこの細胞群だという解釈によって、最も簡単かつ無駄なく説明できる。刻印刺激によってIMHVの神経細胞が活性化されるという結果がいつも得られれば、ケンブリッジの実験室は実に素晴らしい発見をしたことになるだろう。

　ケンブリッジ滞在中に見た実験手続きは、ユニット記録法だけではなかった。新しい生化学的なラベリング（biochemical labeling）技術も見た。これも、刻印刺激が呈示されているときに活性化される脳部位を同定するために開発された方法である。この方法で調べても、IMHVが刻印づけに関与することがわかった。この技術によって、IMHVの神経細胞の間の空間的関係が視覚化されるようになったのも重要なことである。

第 16 章

理論に関する論評

　前章で、ケンブリッジのニワトリとブリン・モアのアヒルとの間に行動上の多くの類似点があることを記した。テニュアー（大学教員の終身在職権）でケンブリッジに滞在したことで、刻印づけに関する私の理論的解釈とケンブリッジの科学者たちの解釈とを比較する機会を持つことができた。2つの解釈で共通する事柄はいくつか述べてきた。刻印づけは、その名よりも可塑的な過程である。第2の刺激に対する刻印づけは、最初の刻印づけによって必ずしも妨げられるわけではない。刻印づけは、程度の差こそあれ、ある種の漸次的な学習過程である。つまりその過程は、その名前のように突然「刷り込まれる」過程ではない。刻印づけのいわゆる臨界期は、明確に範囲を定められるものでも決定的なものでもない。ニワトリもアヒルも、臨界期と呼ばれる時期をかなり過ぎても刻印づけは可能である。そこで、刻印づけが最も容易な発達の時期という意味で、ケンブリッジでは特に「敏感期（sensitive period）」という言葉が使われていた。

　しかし、私たちの見解は2つの理論的な問題で異なっていた。刻印づけられているヒナは新奇な刺激を避けるが、この行動を起こす要因についてまず見解が異なった。次に、刻印づけを特徴づける学習の本質についての見解が異なっていた。

刻印づけは自己制限的[3]な過程か？

　刻印づけられたトリは、新奇な刺激を避ける。その要因について考えてみ

よう。Horn（1985）は、この点について次のように述べている。

> そのような回避は、ヒナが特定の対象に子としての愛着を成立させた結果として生じる。ヒナがその対象に次第に親密になるにつれて、その対象とはまったく異なる対象を避ける。それはあたかも、刺激1の神経的表象がひとたび形成されると、「1でない」対象は避けるかのようである。……回避行動の発達は、神経対応システム（neural matching system）に基づくと考えられる。蓄えられていた情報と、新奇な対象が引き起こした神経系の活動との間に対応がまったくないため、回避システムが活性化されるのである。（p.121）

彼のこの見解は、適切な目立つ刺激を呈示するだけで、普通なら適切な刻印刺激になるはずの目立つ別の刺激をヒナは避けるようになる、と言って差し支えないだろう。本質的にHornの報告は、刻印づけは一種の呈示学習であり、この学習がいったん起こると、その過程は自己完結的である、と主張しているのである。

この解釈は、ケンブリッジの実験室で行われた多くの研究の結果とまったく矛盾しない。しかし、私が自分の研究から導いた解釈とは異なっている。Hornの解釈は、ヒナが新奇なものを避けるときの成熟の役割を考慮していない。前に述べたように、私は、自分の実験の結果から、新奇なものを認識することは敏感期を終わらせる要因の一つにすぎないと結論した。もう一つの要因として成熟がある。被験体が十分に成熟していなければ、第2の刺激を新奇だと認識しても、その刺激にポジティブに反応する可能性は残されている。これこそ私たちが20年前に見いだしたことであった（Hoffman and Ratner, 1973a）。私たちは、普通なら適切な刻印刺激となる刺激が新奇であ

---

[3] 自らの性質によって制限された過程、あるいは一定の経過をたどる定型的な過程という意味で使われている。

る場合、アヒル（あるいはニワトリ）のヒナがそれを怖がるには、ヒナがある程度成熟していなければならないと結論した。

　その研究をしていた頃、回転灯か動いているゴム製ブロックのいずれかを孵化直後（17時間齢）のヒナに呈示すると、どちらの刺激もヒナのディストレス・コールを即座に抑制することがわかった。また、静止している刺激であっても、その刺激が動いているのをヒナが前に見ていれば、ディストレス・コールを抑制することがわかった。そこで、刺激の一つを動かして呈示してから静止させた場合と、別の刺激を静止させて呈示した場合とでは、どちらがディストレス・コールを強く抑制するかを調べた。同じ静止状態で呈示されても、前に動いていた刺激だけがディストレス・コールを抑制するなら、2つの刺激は完全に弁別されていることになる。同じセッション内で2つの刺激を代わる代わる動かして呈示してどちらの刺激もディストレス・コールを抑制するなら、次のように言えるだろう。第2の刺激が新奇であるとヒナは認識できるものの、2つの刺激によってディストレス・コールが抑制されるということは、新たな刺激を怖がるほど十分には成熟していないということになる。

　実験の結果は、まさにそのとおりであった。その実験はさまざまな条件においてカウンタバランスをとっていたので、動いている新奇な刺激に対して示された子としての反応は、その刺激が新奇なものと認識されなかったために生じたものではないことが示された。したがって、動いている刺激を幼いヒナが怖がるようになるには、それと異なる刻印刺激の特徴が学習されていなければならないというだけでは十分ではない。何か他の要因が必要となる。それは成熟である。

　前に記した研究結果は、この提案を裏付けるさらなる証拠となる。1日齢のヒナと違って5日齢のヒナは、動いている刻印刺激をはじめて見せられたときに恐怖反応を示す（第2章）。さらにまた、ある刺激に愛着を形成した後で新奇な刻印刺激をはじめて見せられた5日齢のヒナは、新奇な刺激に恐怖反応を示す（第7章）。どちらの場合も、この新しい刺激を動かして必要

なだけ強制的に呈示すると、ヒナがその刺激に愛着を示すようになったことは、すでにご存じだろう。

　本来、愛着の対象となりうるものが、成熟によって恐怖の対象となる。これは、多くの生活体の発達過程の特徴と考えられる。アヒルのヒナと同じように、他の多くの種の幼い個体も、愛着の対象となりうるあらゆる刺激に敏感なようだ。生後間もない赤ん坊なら、どんな人でも抱き上げてあやすことができることを、親なら誰でも知っている。しかし、8ヶ月ぐらいになると、多くの乳児は、見知らぬ人にひどく用心深くなる。しかし、人見知りをするようになるよりもかなり前から、乳児は、自分の母親と見知らぬ者を弁別できることが、Schaffer（1966）によって示されている。興味深いことに、見知らぬ人を怖がるようになるのは大体、乳児が移動できるようになる頃である。アヒルやニワトリの場合にも、同じ関係が見られる。新奇なものへの恐怖が強まるのは、孵化後約48時間で、それはヒナが容易に動き回れるようになる頃である。

　成熟によって新奇なものを怖がるようになることが種にとって適応的だと考えるのは、不合理ではないだろう。幼い生活体は、親になりうるいろいろなもののいずれに対しても子としての反応を示す。この能力は、その個体の生存に必要である。新奇なものを恐れるようになる前になんらかの成熟が必要とされる。成熟によって、幼い個体は、恐怖反応に妨げられずに自分の親を認識する学習ができるようになる。そして、その後で新奇なものへの恐怖（neophobia）が発達すれば、幼い個体は、最初に出会った親的対象（通常、その個体の生物学的親）だけに子としての反応を向けるようになる。

　しかし、新奇なものを怖がるということが、非常に幼いニワトリやアヒルでまったく起こらないと言っているわけではない。適切な刻印刺激に対して子としての反応を示す傾向と比べて、この恐怖の方が弱い、と言っているのである。刻印刺激を呈示されたことのない17時間齢のアヒルのヒナは、はじめて新しい環境に置かれたときにディストレス・コールを発する。これは、彼らが新奇なものを認識している証拠である。しかし図8のように、動いて

いる刻印刺激をはじめてこのヒナに呈示すると、ディストレス・コールはすぐに抑制される。これは、成長したヒナでは起こらない。成長したヒナのディストレス・コールを新奇な刺激で抑制するには、その前に新奇な刺激を強制的に呈示しなければならない。

　このような観察結果は、刻印づけをつかさどる過程が徐々に展開するということを示している。したがって、刻印づけが起こるか起こらないかを決定する臨界点が成熟過程に存在すると考えるのは間違っていると言えるだろう。

呈示学習か、それとも古典的条件づけか

　私の解釈とケンブリッジの科学者たちの解釈は、刻印づけを成立させている学習機構に関する説明の点でも異なっている。ケンブリッジの研究者たちは、刻印づけを一種の知覚学習か呈示学習であると考えているが、こういった学習が成り立つには、敏感期中に刻印刺激がヒナに呈示されなければならない。

　ケンブリッジの実験室からの論文の中には、刻印づけがこの「呈示学習」であると詳細に論じているものがある（Hollis, ten Cate, and Bateson, 1991）。そこでは刻印づけの理論的モデルが紹介されている。Bateson が 1980 年代初頭に報告し、展開した理論であり、後に改良が加えられて検証可能な定量的予測ができるまでになっている（Bateson, 1990, 1991）。Bateson の理論は、刺激が繰り返し呈示されることで、ニワトリやアヒルのヒナは刻印刺激の神経的表象を形成すると仮定している。その基本的な考えは、感覚受容器に刺激の信号が入力されると、被験体の神経系の特定の特徴検出器が活性化され、いろいろな検出器がどのぐらいの頻度で同時に活性化されるかが分析される、ということである。ここでの特徴検出器は、刻印刺激の形、大きさ、色といった特徴によって活性化される神経の集合体である。Hollis et al. (1991) は、この過程についての考え方を次のように記している。

この分析システムは、入力信号を特徴に分解して、それぞれの特徴検出器が活性化された強さの情報を保存する。このような特徴検出器のそれぞれが、認識システムの中の異なる神経集合体と接続される。刻印対象が繰り返し呈示されると、その対象によって活性化された特定の特徴検出器と認識システムの中にある神経集合体の間の連結が強められる。この強められた連結が刻印対象の表象となる。(p.309)

　Batesonと共同研究者らが考案したモデルの中で説明されているのは、刻印対象の神経的表象が形成される過程だけではない。その表象が形成されるためには、刻印刺激が繰り返し呈示されるだけでよいと考えられている。そして、刺激の神経的表象が形成されることが、被験体が刻印刺激の内的表象を形成するための重要なメカニズムであり、このようなメカニズムによって刻印刺激が将来認識されるようになると考えられている。また、この表象が形成されることは、新奇な刺激を被験体が避けるための十分な条件であるとも考えられている。

　ニワトリやアヒルのヒナは、刻印刺激とのさまざまな出合いによって、その刺激を将来認識するための単一の内的表象を形成する。それを可能にする神経系のメカニズムは、Hollisらが記述した知覚学習によって提供される。そのように、彼らのモデルは説明する。しかし、ニワトリやアヒルのヒナが特定の効果的な刻印刺激に子としての反応を即座に示すようになる理由を、彼らは説明していない。私は、反応が即座に生じるのは、子としての反応を生得的に誘発する特徴が刺激の中に存在するためだと考えてきた。ニワトリやアヒルのヒナにとってこの目的にかなう刺激は、彼らの親である。私が指摘したのは、アヒルのヒナが動いている母鳥を見ることは、その刺激布置の重要な要素となっているということである。前に議論したJohnsonとHornの研究から言えることは、母鳥の頭と首の刺激布置もそのような要素のひとつだということである。

　ニワトリやアヒルのヒナが以前に呈示された刻印対象を認識しようとする

なら、彼らは、その対象の神経的表象を形成しなければならない。しかし、以前に出会った刻印刺激を認識するだけでは十分ではない。なぜなら、その刺激の中に子としての反応を生得的に誘発する特徴が見えなくても反応しなければならないときがあるからである。例えば、母鳥がじっとしていてその頭や首がヒナから見えない場合である。そのようなときでも、ヒナは母鳥に反応し続けなければならないだろう。このような状況で引き続き生じる反応は条件反応といえるものであり、それは古典的条件づけに基づく反応だと、私は指摘してきた。

　私の考えをより明確に述べると、次のとおりである。はじめて刻印刺激が呈示されている間に、被験体は条件づけられた子としての反応（conditioned filial reaction）を獲得する。この反応は、刺激の中性的な特徴に条件づけられた反応である。すなわち、目立つ特徴であってもそれだけでは子としての反応を誘発することのない中性的な特徴に対して条件づけられた反応である。この条件づけが起こるのは、これらの中性的な特徴が、子としての反応を生得的に誘発する刺激特徴と時間的・空間的に接近していつも呈示されるからであろう。そうであれば、この過程は古典的条件づけの過程であり、エンドルフィンの分泌が媒介していると考えられる。この過程の結果、ヒナと刻印刺激との間に社会的な相互作用が生じるが、そこには Solomon and Corbit（1974）が考えた対抗過程が機能していると思われる。

　刻印づけには、ある種の知覚学習あるいは呈示学習がかかわっているという提案は、私の視点から見ても間違っているとは言えないのだが、不完全なのである。これまでにも述べてきたが、ケンブリッジの科学者たちと私の解釈の違いは、根本的な違いというよりも、それぞれの強調したい事柄だと私は感じている。刻印づけの研究がこれからも進められれば、このような違いは徐々に解決されていくだろう。例えば、新奇なものを恐れることに成熟要因がどのような役割を持つのかに関する両者の違いは明らかに実験上の問題であり、結局は実験室で解決されることになるだろう。他の分野と違って科学では、最後に結論を下すのは決定的な実験から得られるデータである。同

様に、私たちの理論上の相違は、刻印づけの実験室的分析が今後も続けられて、新たなそしてことによると予期せぬデータがもたらされることで、最終的に解決されるだろう。新しい研究から生み出されるデータに適合するように、絶えず修正され拡張されるのが、ほとんどの科学的理論である。

　Bateson は、ニワトリやアヒルのヒナが特定の刻印刺激の内的表象をどのようにして形成するのか、そして内的表象が形成されると、刻印刺激以上に魅力的になる可能性があった新奇な刺激よりも刻印刺激の方が好まれるのはどうしてかを説明するために、理論を構築した（Bateson, 1990, 1991）。前に述べたように、この理論は、新奇なものへの恐怖を説明するのに成熟の要因を加味していない。また、もともと中性的であった特徴が子としての反応を誘発するようになる学習過程についても、説明していない。しかし、だからといって、この理論がこれらの過程を絶対に説明できないというわけではない。

　私との話し合いの中で Bateson は、ヒナが刻印刺激を認識するとき刺激のそれぞれの特徴の機能が等しいという前提を立てたのは、理論を節約的にするためだと語ったが、その考えは妥当だと私は思う。中世の時代に Occam が節減の法則（law of parsimony）を提唱して以来、単純な理論こそ実験的検証にもっとも耐えられると、科学者たちは認めてきた。複雑で多くの概念を含む理論は、誤解を招きやすく、実験結果から可否を判断できない。したがって、理論をできる限り単純にしておきたいという Bateson の気持ちは、よく理解できる。しかし彼は、データがもしそれを求めるなら、刺激の中のある特徴が他の特徴より子としての反応を効果的に誘発するという事実に合わせて、自分の理論は少々の変更を必要とするだろうと語った。

　そのときの会話の中で Bateson は、刻印づけにおける成熟の役割についても、自分の理論的モデルと関連させながら論じた。彼のモデルでは、ヒナが新奇なものを怖がるのは抑制的な神経結合が発達するためだと説明している。新奇なものを怖がることに成熟が関与するにしても、それを実験的に調べることは極めて難しいと、Bateson は考えた。なぜなら、彼のモデルが仮

定しているように、抑制的な神経結合は、刻印刺激が呈示されている間にかなりゆっくりと形成されると考えられるからである。そのような状況では、刻印刺激の呈示期間は、ほとんどの場合どうしても成熟と混同される。しかし彼は、自分の今のモデルが現行のほとんどの実験結果の説明に適していると思っていても、もし将来そうでなくなれば、躊躇なく修正するつもりだとつけ加えた。私の知る一流の科学者たちと同様、完全にデータ志向の理論構築というのがBatesonの信条だと思う。それゆえ、実験室が提供する新たな教訓はどんなものでも彼は受け入れるだろう。

第 17 章
さらなる偶然の巡り合わせ

　第 10 章で述べたように、私は Richard Solomon と巡り合ったことで、アヒルのヒナが刻印刺激を求めてバースト的に反応する理由の謎を解き明かすことができ、社会的愛着はエンドルフィンが媒介する嗜癖性の過程だと結論することもできた。ケンブリッジでのもう一つの偶然の巡り合わせが、この結論をさらに強め、エンドルフィンがどのように効果をもたらすかの詳細がある程度明らかになった。

　ケンブリッジを出発するおよそ 6 週間前に、私は自分の研究をマディングリーの科学者たちに説明することになっていた。ケンブリッジに着くとすぐに、私はそれを依頼されていた。数日後、その発表の宣伝のために演題を提出するように求められた。内容は私に任されていた。少し考えてから私は、刻印づけの研究はかなり前に終えているので、最近研究しているヒトの新生児のまばたき反射（眼瞼反射）について語るのが一番良いのではないかと答えた。この提案は認められた。この演題にマディングリーの科学者たちはきっと興味を持つだろうとのことであった。題目の提出後、講演の数日前にスライドの準備を始めるまで、この件についてはそれ以上考えていなかった。スライドを選び出していたとき妻が、マディングリーでは今でも刻印づけが研究されているのだから、私が刻印づけの研究をなぜ止めたかを説明した方がいいのではないかと言った。そのとおりだと思った。そこで彼女の提案に従って、講演の最初に、この本の第 14 章の一部を読んだ。社会的愛着はエンドルフィンによって媒介されると結論した文章と、今後の研究のもっとも生産

的な方向は、これらのオピエートやその他の生理的変数を直接操作する研究だと結論した文章である。さらに続けて、そのような研究は、私よりもこれらの変数操作に長けている科学者に任せるのが最良だと思っていることにも言及した。それから私は最初のスライドの呈示を求め、乳児のまばたき反射の話を始めたのである。

発表後の質疑応答が長かったことから、この講演はかなり受け入れられたと思った。スライドを回収して私が建物から出ようとしたとき、聴衆の一人であった科学者 Eric Keverne が声をかけてきた。彼は、マディングリーで行われているエンドルフィンの研究を知っているかどうか、と尋ねてきたのである。この質問に私は大いに驚いた。なぜなら私はケンブリッジに着いてすぐにマディングリーの実験室を案内されており、そのとき案内してくれた人は、誰もその研究について言わなかったからである。彼らは、エンドルフィンが刻印づけに関与しているという私の見解を知っていたはずなのに。私の驚きは、かなりあからさまであったに違いない。私が否定したのを見て、彼は「その研究の抜刷をすぐにさしあげましょう」と言って、自分の部屋に取りに行ったのである。

思い返せば、マディングリーをはじめて案内されたときも動物学科で議論したときも、なぜ Keverne の研究について知らされなかったかが、容易に理解できた。そのとき語り合った科学者は誰もこの研究を知らなかった、あるいは知っていたとしても、自分の刻印づけの研究と結びつけて考えなかっただろう。理由は今となってみれば明らかであった。エンドルフィンの研究は霊長類で行われ、刻印づけの研究は鳥類で行われていたからだ。そのように異なる種を用いて研究している人たちが、お互いの最新の研究結果に疎くなるのは当然かもしれない。

このことから一つの教訓を得た。会議や議論が頻繁に行われようと、ネットワークづくりや発表が盛んに行われようと、密接に関連した研究をしている科学者同士が、お互いに何を研究しているかがわからない場合があり、そのため、学際的および学内的コミュニケーションから生み出されることのあ

る展望が広がる機会を失う場合があるということである。

後でKeverneから受け取った抜刷を読み始めたとき、彼との偶然の出会いが与えてくれた幸運に、私は感謝の言葉を発したに相違ない。また、刻印づけの研究を止めた理由を説明した方がいいと妻が言ってくれなかったなら、私はエンドルフィンの話をしなかっただろうし、霊長類研究所でのKeverneと共同研究者たちの研究を知らずにケンブリッジを去ったであろう。彼らの研究は、エンドルフィンが霊長類の社会的行動にもたらす効果を示すだけではなく、その効果の神経的基盤についても説明を始めていた。

Keverneと共同研究者らが研究（Keverne, Martensz, and Tuite, 1989）で扱った霊長類はやや小型のコビトグエノン（talapoin; タラポイン）というサルで、西アフリカの熱帯雨林原産である。12年以上にわたる研究では、3匹から5匹の成体からなる実験群をいくつか設け、1日に2回、50分ずつ観察して、すべてのサルの社会的な相互の関わりを調べた。さらに、2匹のサルを個別に飼育して、一日おきに15分間一緒にする一連の実験も行われた。それぞれのサルは、偶数日にはパートナーと一緒にされ、奇数日には隔離された。そして、それぞれの場合での行動が観察されたのである。毎回の観察セッションの終了後すぐに、ケタミン麻酔下で少量の脳脊髄液が採取された。これらのサンプルを分析して、エンドルフィンの含有量が測定された。その結果、エンドルフィンの量と、直前の観察セッション中に記録された行動との間に関係があることがわかったのである。

その後の実験は、上で述べた手続きと基本的には同じであったが、観察の直前に、ペアの一方にモルヒネかナロキソンのどちらかを投与した。モルヒネはオピエートの循環量を増やす薬物、ナロキソンはオピエートの効果をブロックする薬物である。ペアのもう一方のサルには偽薬（プラセボ）を投与した。

彼らの研究結果の詳細をここで述べることは、この本の意図する範囲を越えている。しかし、その基本的な特徴のいくつかは、私が行ったアヒルの実験結果と、そこから導き出された社会的相互作用の嗜癖的な特徴の結論に直

接関連していた。

　最も関連の深い研究結果は、サルのグルーミングと彼らの脳脊髄液中のエンドルフィンの量との関係であった。グルーミングによってエンドルフィンが作られるということがわかったのである。サルは1日おきに社会的な接触が許されたが、その数分の間、別なサルからグルーミングされると、脳脊髄液中のエンドルフィン量が増加した。さらに、あらかじめモルヒネが投与されていると、グルーミングは減った。それに対して、ナロキソンが投与されている場合、グルーミングは増え、グルーミングに誘う回数は増加した。Keverne et al. (1989) は、「……脳のオピオイド (opioid) は、社会的愛着の媒介において重要な役割を果たしており、霊長類社会の進化をもたらした神経的基盤なのかもしれない」(p.155) と結論した。

　Keverne (1992) の最近の論文では、これらの研究結果を吟味して、それらを脳のオピオイドが社会的愛着に影響を与えたり、影響を受けたりする点と関連づけている。彼は次のように記している。

　……ネコ、イヌ、モルモットといったさまざまなほ乳類において、子どもの発達初期に形成される母子間の社会的きずなにエンドルフィンが関与していることを示すデータが増えている。出産は、齧歯類の母性行動が即座に開始される重要な出来事であり、ヒツジの母子間の選択的なきずなの形成においても重要な出来事であるが、出産によって脳の辺縁系のエンドルフィン濃度が高まることがわかっている。(p.23)

Keverneは、さらに次のように記している。

扁桃核 (amygdala: 中心核 central nucleus) や視床下部 (hypothalamus; 腹内側核 ventromedial nucleus) や中隔側坐核 (accumbens) にモルヒネやエンドルフィンを急性的に注入すると食餌行動が増加するが、ナロキソンを中枢に (centrally) 投与すると食餌行動は減ることが報告されている。

(p.23)

　最後に Keverne は、エンドルフィンが霊長類のグルーミングと関係があることから、社会的愛着におけるエンドルフィンの役割について次のように述べている。

　グルーミングやグルーミングへの誘いは、霊長類の交尾中や交尾後によく生じる。これによって、彼らの社会的な関係は強固なものとなる。特に、母子間の社会的関係や闘争後の個体同士の関係を強固にするのに、グルーミングは重要である。グルーミングによる個体間の関わりは、霊長類では普通に見られる行動レパートリーで、さまざまな社会的状況で生じており、純粋に衛生のためというよりも、きずなを共同で形成して相手を満足させるためのものである。したがってグルーミングは、社会的きずなの形成の重要な直接的要因だと思われる。またグルーミングを受けるとエンドルフィンが急速に増えることから、グルーミングは、脳のオピオイドシステムの活性の重要な直接的要因と言えるだろう。それゆえに、神経系のレベルでみると、脳のエンドルフィンシステムは、いろいろなきずなが形成されるメカニズムの共通基盤なのかもしれないが、それぞれのきずな（母子間、配偶者間、友人同士）の関係性は明らかに異なっている。にもかかわらず、霊長類では、これらのすべての関係において強い相互のグルーミングが関係しており、それは明らかに偶然の一致ではない。(p.25)

　ここに、わくわくするような研究を行う機会がたくさんある。例えば、Keverne のコメントに、私は次のことを付け加えたい。アヒルのヒナの研究で私たちが明らかにした事柄が霊長類に当てはまるなら（私は、当てはまると信じている）、グルーミングは、社会的相互作用によってエンドルフィンを作り出す唯一の方法ではない。グルーミングによる刺激と連合すれば、社会的パートナーの姿や声そのものが最終的にこの重要な能力を獲得するはず

である。つまりこれらの刺激もエンドルフィンを作ることができるはずである。このような連合学習のメカニズムで、次の結果も説明できるだろう。それは、柔らかくて抱くことのできる対象にしがみつく機会が十分に与えられていた幼いサルは、その対象がプラスチックの箱の中に入れられていて、その姿しか見ることができないときでも、ディストレス・コールは抑制される、という研究結果である（Mason, Hill, and Thompson, 1971）。第8章で述べたように、このような連合学習のメカニズムは、動いている刺激の呈示をアヒルのヒナが十分に受けているなら、それが静止状態で呈示されてもヒナのディストレス・コールは抑制される、という結果も説明できる。

第18章

未来に思いを馳せて

　以前に出合った刺激を個体が再認識するとき、脳はどのように組織化されるのか。この問題の分析において、ケンブリッジの研究は大発見寸前であるように思えた。これは最も期待できる研究だろう。しかし、これに後続するであろう研究は、さらに期待できる。それは、エンドルフィンの作用で示されている社会的愛着についての研究である。その問題は、刻印刺激の内的表象を調べる方法に似た方法で調べられることになるだろう。

　社会的愛着のこの2つの側面は、脳の異なる場所の異なる神経系で処理されていると、明らかになるかもしれない。そうであるなら、それぞれの処理が行われている場所を明確にして、それらがどのように結合して社会的愛着過程を形成するのかを明らかにすることが重要となるだろう。この複雑な物語のばらばらな糸を編み合わせるのにふさわしい場所として、ケンブリッジ以上のところは考えられない。愛着現象の2つの側面を調べている研究施設は個別に存在するが、その現象の解釈の理論的な面でケンブリッジは最先端を行く研究のメッカである。刻印づけに関する Bateson の定量的なモデルは、刻印刺激の呈示時間をいろいろと変えたときに、ニワトリのヒナがその刺激をどの程度認識できるかについて、検証可能な予測を立てられるほど詳細なものになっている（Bateson, 1990, 1991）。その理論は、再認識過程の神経生物学的研究から得たデータを主に扱っているが、Keverne や私が問題とした動機づけ過程のようなものが取り扱えないという理由はない。おそらく、対抗過程の何らかの理論を Bateson の理論の改訂版と組み合わせれば、動機

づけも扱える理論となるだろう。そのような拡張的な理論は、大体において、社会的愛着の特徴となっているさまざまな行動的効果を説明する概念的枠組みのようなものを提供できるだろう。第6章では、アヒルのヒナの食餌行動が刻印刺激の呈示によって、どのように起こるのかという研究の結果をいくつか示した。食餌行動に及ぼすオピエートとナロキソンの効果を問題としたKeverneの最近の研究結果は、私たちが観察した行動上の結果と明らかに一致しており、対抗過程の理論の解釈にも一致している。今必要と思われることは、これらの問題のすべてをまとめて説明できる新しい理論を構築することである。

さらに、アヒルのヒナの攻撃行動とエンドルフィンの生成との間に、なんらかの関係があるのではないかと私たちは指摘したが、この可能性も調べることが重要になるだろう。ここでも必要と思われるのは、一見断片的で多様に見える観察結果を、まとめて説明できる理論的枠組みである。

さらに、刻印づけについての包括的な理論的説明ならば、この現象の特徴である古典的条件づけの効果を説明する必要もある。その効果は、刻印づけがもたらすほとんどの社会的行動において、重要な役割を果たしているはずである。前に、霊長類ではグルーミングがエンドルフィンを生成するというKeverneの研究結果を紹介した。この効果において条件づけが重要な役割を担っている可能性がある、という私の考えも述べた。グルーミングに伴う社会的刺激のなんらかの側面がエンドルフィンを生得的に生成できるようだが、刺激の別の側面もこの能力を獲得する可能性はあり、そのとき関係する過程が古典的条件づけである。すなわち、霊長類の個体が発達の過程で通常受ける母性刺激は生得的にエンドルフィンを生成するが、この刺激と別の刺激側面があらかじめ連合されることで、後者の刺激側面もエンドルフィンを生成できるようになると考えられる。発達初期の条件づけがグルーミングによるエンドルフィンの生成に関与するというこの可能性は、実験的に分析する必要がある。刻印づけに関する明瞭な理論があれば、その研究に役立つだろう。

最後に、刻印づけの拡張理論が近い将来必要になると考えられる理由はもう一つある。刻印づけによって生じた社会的愛着が、嗜癖の特徴の多くを持っているということが明らかにされている。このため、刻印づけでわかっていることと嗜癖でわかっていることの統合がやがて大切になる。これは簡単な作業ではないだろう。

　例えば、麻薬や覚醒剤を摂取したときの条件づけの効果に関して、極めて多くの研究報告がある。長年にわたるそれらの研究の成果から、薬物が自己投与されている間に、投与場面のさまざまな刺激が、その薬物によって誘発されるはずの反応を抑制するようになる、という結論が得られている。それはあたかも、これらの刺激が、条件づけられた対抗過程（conditioned opponent process）を起こすことができるようになったかに見える。この研究を行った科学者 Shepard Siegel は、嗜癖者が一定量の覚醒剤を投与しても恍惚感を感じなくなるのは、この条件づけられた制止効果（conditioned inihibitory effect）によるものかもしれない、と結論づけた（Siegel et al., 1982）。しかし Siegel は、もしそうであるなら、嗜癖者がいつもの薬を見慣れぬ場所で自己投与すると、過剰投与になる（そして死ぬ）かもしれないとも推測した。これは、見慣れぬ場所は薬物反応を抑制しないという理由で起こりうる。薬の飲み過ぎによる嗜癖者の死亡報告例を彼が調べてみると、予測どおりの事例がたくさんあった。つまり、嗜癖者による過剰な薬物投与は、新奇な環境で起こっていたのである。これを結論づけるために Siegel は、ラットにモルヒネの自己投与を繰り返させ、ついにラットを薬物嗜癖にした。そして、ラットの薬物反応を抑制するようになったと思える手がかりをなくすため、ラットのケージを替えた。ラットはいつものとおり薬を自己投与したが、抑制手がかりがない状況では、その薬量は多すぎた。ほとんどのラットは死んだ。

　対抗過程理論は、嗜癖に関する研究結果と社会的愛着に関する研究結果を統合するために有効かもしれない。もしこの理論でうまくいかなければ、嗜癖と社会的愛着の接点から生じる無数の複雑な効果を整理するためには、体

系化された別の概念構造が必要となるだろう。そのような構造はケンブリッジで考案される可能性が高いと、私は考えている。

References

Barrett, J. E. (1972). Schedules of electric shock presentation in the behavioral control of imprjnted ducklings. *Journal of the Exerimental Analysis of Behavior,* **18**, 305-321.

Barrett, J. E., Hoffman, H. S., Stratton, J. W. & Newby, V., (1971). Aversive control of following in imprinted ducklings. *Learning and Motivation,* **2**, 202-203.

Bateson, P. P. G. (1964). Changes in chicks' responses to novel moving objects over the sensitive period for imprinting. *Animal Behaviour,* **12**, 479-489.

Bateson, P. P. G. (1971). Imprinting. In H. Moltz (Ed.), *The ontogeny of vertebrate behavior* New York: Academic Press.

Bateson, P. P. G. (1990). Is imprinting such a special case? *Philosophical Transactions of the Royal Society, London,* **329**, 125-131.

Bateson, P. P. G. (1990). Obituary (Konrad Lorenz). *American Psychologist,* **45**, 65-66.

Bateson, P. P. G. (1991). Making sense of behavioural development in the chick. In R. J. Andrews (Ed.), *Neural and behavioural plasticity: The use of the domestic chick as a model* (pp. 157-159). London: Oxford University Press.

Blakemore, C., & Cooper, G. F. (1970). Development of the brain depends on the visual environment. *Nature,* **228**. 477-478.

Bloom, B. S. (1964). *Stability and change in human characteristics.* London: John Wiley & Sons.

Candland, D. K., & Campbell, B. A. (1962). Development of fear in the rat as measured by behavior in the open field. *Journal of Comparative and Physiological Psychology,* **55**, 593-596.

Conant, J. B. (1951). *Science and common sense.* New Haven: Yale University Press.

Cynader, M., & Chernenko, G. (1976). Abolition of directional selectivity in the visual cortex of the cat. *Science,* **193**, 504-505.

DePaulo, P. & Hoffman, H. S. (1980). The temporal pattern of attachment behavior in the context of imprinting. *Behavioral and Neural Biology,* **28**, 48-64.

Eibl-Eibesfeldt, I. (1971). *Love and hate: The natural history of behavior patterns* (G. Strachan, Trans.). New York: Holt, Rinehart, & Winston.

Eiserer, L., & Hoffman, H. S. (1974). Acquisition of behavioral control by the auditory features of an imprinting object. *Animal Learning and Behavior,* **2**. 275-277.

Freeman, R. D., Mitchell, D. E., & Millodot, M. A. (1972). Neural effect of partial visual deprivation in humans. *Science,* **175**, 1384-1386.

Gaioni, S. J., DePaulo, P., & Hoffman, H. S. (1980). Effects of group rearing on the control exerted by an imprinting stimulus. *Animal Learning and Behavior,* **8**, 673-678.

Gaioni, S. J., Hoffman, H. S., DePaulo, P., Stratton, J. W., & Newby, V. (1978). Imprinting in older ducklings: Some tests of a reinforcement model. *Animal Learning and Behavior,* **6**, 19-26.

Gaioni, S. J., Hoffman, H. S., Klein, S. H., & DePaulo, P. (1977). Distress calling as a function of group size in newly hatched ducklings. *Journal of Experimental Psychology: Animal Behavior Processes,* **3**, 335-342.

Gottlieb, G. (1965). Imprinting in relation to parental and species identification by avian

neonates. *Journal of Comparative and Physiological Psychology*, **59**, 345-356.
Gray, P. H., & Howard, K. I. (1957). Specific recognition of humans in imprinted chicks. *Perception and Motor Skills*, **7**, 301-304.
Gross, C. G., Rocha-Miranda, C. E., & Bebder, D. B. (1972). Visual properties of neurons in inferotemporal cortex of the Macaque. *Journal of Neurophysiology*, **35**, 96-111.
Hafez, E. S. E. (1958). *The behavior of domestic animals*. London: Bailliere.
Harlow, H. F. (1974). *Learning to love*. New York: J. Aronson.
Harlow, H. F., & Yudin, H. C. (1933). Social behavior of primates. I: Social facilitation of feeding in the monkey and its relation to attitudes of ascendence and submission. *Journal of Comparative Psychology*, **16**,171-185.
Hart, B. M., Allen, K. E., Buell, J. S., Harris, F. R., & Wolfe, M. M. (1964). Effects of social reinforcement on operant crying. *Journal of Experimental Child Psychology*, **1**, 145-153.
Herman, B. H., & Panksepp, J. (1978). Evidence for opiate mediation of social affect. *Pharmacology, Biochemistry and Behavior*, **9**, 213-220.
Hersher, L., Richmond, J. B., & Moore, A. V. (1963). Modifiability of the critical period for the development of maternal behavior in sheep and goats. *Behaviour*, **20**. 311-320.
Herzog, H. A. (1988). The moral status of mice. *American Psychologist*, **43**, 473-474.
Hess, E. H. (1957). Effects of meprobamate on imprinting in water fowl. *Annals of the New York Academy of Sciences*, **7**, 724-732.
Hess, E. H. (1959a). Two conditions limiting critical age of imprinting. *Journal of Comparative and Physiological Psychology*, **52**, 515-518.
Hess, E. H. (1959b). Imprinting. *Science*, **130**, 133-141.
Hess, E. H. (1973). *Imprinting: Early experience and the developmental psychology of attachment*. New York: Van Nostrand Reinhold Co.
Hickey, T. L. (1977). Postnatal development of the human lateral geniculate nucleus: Relationship to a critical period for the visual system. *Science*, **198**, 836-838.
Hinde, R. A. (1955). The following response of moor hens and coots. *British Journal of Animal Behaviour*, **3**, 121-122.
Hinde, R. A., Thorpe, W. H., & Vince, M. A. (1956). The following response of young coots and moor hens. *Behaviour*, **11**, 214-242.
Hoffman A. M., & Hoffman H. S. (1990). *Archives of memory: A soldier recalls World War II*. Lexington, KY: Universify Press of Kentucky.
Hoffman, H. S. (1968). The control of distress vocalization by an imprinted stimulus. *Behaviour*, **30**. 175-191.
Hoffman, H. S. (Producer and Director). (1970). *Social reactions in imprinted ducklings* [Film]. (Available from The Psychological Cinema Register, Pennsylvania State University, University Park, RA.)
Hoffman, H. S. (1989). *Vision and the art of drawing*. Englewood Cliffs, NJ: Prentice Hall.
Hoffman, H. S., Boskoff, K. J., Eiserer, L. A., & Klein, S. H. (1975). Isolation-induced aggression in newly-hatched ducklings. *Journal of Comparative and Physiological Psychology*, **89**, 447-457.
Hoffman, H. S., Eiserer, L. A., Ratner, A. M., & Pickering, V. L. (1974). Development of distress vocalization during withdrawal of an imprinting stimulus. *Journal of Comparative and Physiological Psychology*, **86**. 563-568.
Hoffman, H. S., Eiserer, L. A., & Singer, D. (1972). Acquisition of behavioral control by a stationary imprinting stimulus. *Psychonomic Science*, **26**, 146-148.

Hoffman, H. S., & Kozma, F. (1967). Behavioral control by an imprinting stimulus: long-term effects. *Journal of the Experimental Analysis of Behavior,* **10**. 495-501.

Hoffman, H. S., & Ratner, A. M. (1973a). Effects of stimulus and environmental familiarity on visual imprinting in newly hatched ducklings. *Journal of Comparative and Physiological Psychology,* **85**, 11-19.

Hoffman, H. S., & Ratner, A. M. (1973b). A reinforcement model of imprinting: Implications for socialization in monkeys and men. *Psychological Review,* **80**, 527-544.

Hoffman, H. S., Ratner, A. M., & Eiserer, L. A. (1972). Role of visual imprinting in the emergence of specific filial attachment in ducklings. *Journal of Comparative and Physiological Psychology,* **81**, 399-409.

Hoffman, H. S., Schiff, D., Adams, J., & Searle, J. (1966). Enhanced distress vocalization through selective reinforcement. *Science,* **151**, 352-354.

Hoffman. H. S., & Searle, J. L. (1965). Acoustic variables in the modification of the startle reflex in the rat. *Journal of Comparative and Physiological Psychology,* **60**, 53-58.

Hoffman, H. S., Searle, J. L., Toffee, S., & Kozma, F. (1966). Behavioral control by an imprinting stimulus. *Journal of the Experimental Analysis of Behavior,* **9**, 179-189.

Hoffman, H. S., & Stratton, J. (1968). Schedule factors in the emission of distress calls. *Psychonomic Science,* **10**, 251-252.

Hoffman, H. S., Stratton, J. W., & Newby, V. (1969). The control of feeding behavior by an imprinting stimulus. *Journal of the Experimental Analysis of Behavior,* **12**, 847-860.

Hoffman, H. S., Stratton, J. W., & Newby, V. (1969). Punishment by response-contingent withdrawal of an imprinting stimulus. *Science,* **163**, 702-704.

Hoffman, H. S., Stratton, J. W., Newby, V., & Barrett, J. E. (1970). Development of behavioral control by an imprinting stimulus. *Journal of Comparative and Psysiologicai Psychology,* **2**, 229-236.

Hollis, K. L., ten Cate, C., & Bateson, P. (1991). Stimulus representation: A subprocess of imprinting and conditioning. *Journal of Comparative Psychology,* **105**, 307-317.

Horn G. (1985). *Memory, imprinting and the brain.* Oxford: Clarendon Press.

Hubel, D. H., & Wiesel, T. N. (1970). The period of susceptibility to the physiological effects of unilateral eye closure in kittens. *Journal of Physiology,* **206**, 419-436.

Hull, C. L. (1943). *Principles of behavior.* New York: Appleton-Century-Crofts.

Ison, J. R., & Hoffman, H. S. (1983). Reflex modification in the domain of startle: II. The anomalous history of a robust and ubiquitous phenomenon. *Psychological Bulletin,* **94**, 3-17.

Jacob, F. (1977). Evolution and tinkering. *Science,* **196**, 1161-1166.

Jaynes, J. (1957). Imprinting: The interaction of learned and innate behavior: II. The critical period. *Journai of Comparative and Physiological Psychology,* **50**, 6-10.

Jaynes, J. (1958). Imprinting: The interaction of learned and innate behavior: III. Generalization and emergent discrimination. *JournaL of Comparative and Physiological Psychology,* **51**, 234-237.

Johnson, M. H., & Horn, G. (1988). Development of filial preferences in dark reared chicks. *Animal Behaviour,* **36**, 1000-1006.

Keverne, E. B. (1992). Primate social relationships: Their determinants and consequences. *Advances in the Study of Behavior,* **21**, 1-37. New York: Academic Press.

Keverne, E. B., Martensz, N. D., & Tuite, B. (1989). Beta-endorphin concentrations in cerebrospinal fluid of monkeys are influenced by grooming relationships. *Psychoneuroen* docrinology, **14**, 155-161.

Klaus, M. H., & Kennell, J. H. (1976). *Maternal-infant bonding.* St. Louis, MO: Mosby.

Klaus, M. H., & Kennell, J. H. (1982). *Parent-infant bonding.* St. Louis. MO: Mosby.

Kovach, J. K., & Hess, E. H. (1963). Imprinting: Effects of painful stimulation upon the following response. *Journal of Comparative and Physiological Psychology*, **56**, 461-464.

Lorenz, K. (1935). Der kumpan in der umwelt des vobels [The companion of the bird in its environment]. *Journal of Ornithology*, **83**, 137-213.

Lorenz, K. (1966). *On aggression* (M. K. Wilson, Trans.). New York: Bantam Books. (Original work published 1963).

Mason, W. A., Hill, S. D., & Thompson, C. E. (1971). Perceptual factors in the development of filial attachment. *Proceedings of the 3rd International Primatological Congress*, **3**, 125-133.

Mason, W. A., & Kenney, M. D. (1974). Redirection of filial attachments in rhesus monkeys: dogs as mother-surrogates. *Science*, **183**. 1209-1211.

Mitchell, D. E., Freeman, R. D., Millodot, M., & Haegerstrom, G. (1973). Meridional amblyopia: Evidence for modification of the human visual system by early visual experience. *Vision Research*, **13**, 535-558.

Moltz, H., Rosenblum, L. A., & Halikas, N. (1959). Imprinting and level of anxiety. *Journal of Comparative and Physiological Psychology*, **52**, 240-244.

Moore, D. J., & Shiek, P. (1971). Toward a theory of early infantile autism. *Psychological Review*, **78**, 451-456.

Myers, B. J. (1987). Mother infant bonding as a critical period. In Bornstein, M. (Ed.), *Sensitive periods in development* (pp. 223-245). New Jersey: Lawrence Erlbaum.

Panksepp, J., Vilberg, T, Bean, N. J., Coh, D. H., & Kastin, A. J. (1978). Reduction of distress vocalization in chicks by opiate-like peptides. *Brain Research Bulletin*, **3**, 663-667.

Peterson, N. (1960). Control of behavior by presentation of an imprinting stimulus. *Science*, **132**, 1295-1296.

Rajecki, D. W. (1973). Imprinting the precocial birds: Interpretation, evidence, and evaluation. *Psychological Bulletin*, **79**, 48-58.

Ramsay, A. O., & Hess, E. H. (1954). A laboratory approach to the study of imprinting. *Wilson Bulletin*, **66**, 196-206.

Ratner, A. M. (1976). Modification of ducklings' filial behavior by aversive stimulation. *Journal of Experimental Psychology: Animal Behavior Processes*, **2**, 266-284.

Ratner, A. M., & Hoffman, H. S. (1974). Evidence for a critical period for imprinting in Khaki Campbell ducklings (Anas platyrhynchos domesticus). *Animal Behaviour*, **22**, 249-255.

Ratner, S. C., & Thompson, R. W. (1960). Immobility reactions (fear) of domestic fowl as a function of age and prior experience. *Animal Behaviour*, **8**, 186-191.

Ross, S., & Ross, J. G. (1949). Social facilitation of feeding behavior in dogs. II: Feeding after satiation. *Journal of Genetic Psychology*, **74**, 293-304.

Schaffer, H. R. (1966). The onset of fear of strangers and the incongruity hypothesis. *Journal of Child Psychology and Psychiatry*, **7**, 95-106.

Schein, M. W., & Hale, E. B. The effect of early social experience on male sexual behavior of androgen injected turkeys. *Animal Behaviour*, **7**, 189-200.

Scott, J. P. (1968). *Early experience and the organization of behavior.* Belmont, CA: Wadsworth.

Siegel, S., Hinson, R. E., Krank, M. D., & McCully, J. (1982). Heroin "overdose death": Contribution of drug-associated environmental cues. *Science*, **216**, 436-437.

Skinner, B. F. (1938). *The behavior of organisms: an experimental analysis*. New York: Appleton-Century-Crofts.

Sluckin, W. (1965). *Imprinting and early learning*. Chicago: Aldine Press.

Sluckin, W., Herbert, M., & Sluckin, A. (1983). *Maternal bonding*. Oxford: Basil Blackwell.

Sluckin, W., & Salzen, E. A. (1961). Imprinting and perceptual learning. *Quarterly Journal of Experimental Psychology*, **16**, 65-67.

Solomon. R. L., & Corbit, J. D. (1974). An opponent-process theory of motivation: I. Temporal dynamics of affect. *Psychological Review*, **81**, 119-145.

Van Kampen, H. S., & Bolhuis, J. J. (1991). Auditory learning and filial imprinting in the chick. *Behaviour*, **117**, 303-319.

Waller. P. F., & Waller, M. G. (1963). Some relationships between early experience and later social behavior in ducklings. *Behaviour*, **20**, 343-363.

人名索引

A
Adams, J. 39
Allen, K.E. 41
Aristotle（アリストテレス）5

B
Barrett, J. 34, 97, 98
Bateson, P.P.G. 8, 50–52, 65, 79, 116, 117, 123, 133, 134, 136, 137, 144, 148
Bean, N.J. 84
Beckman, P. 7, 8
Bischoff, N. 51
Blakemore, C. 61
Bloom, B.S. 68
Bolhuis, J. 8, 126
Boskoff, K.J. 104
Buell, J.S. 41

C
Campbell, B.A. 65
Candland, D.K. 65
Chernenko, G. 61
Coh, D.H. 84
Conart, J.B. 5
Cooper, G.F. 61
Corbit, J. 59, 81, 82, 87, 135
Cynader, M. 61

D
Depaulo, P. 87, 89, 91, 109, 111
Dimond, S.J. 51

E
Eibl-Eibesfeldt, I. 102, 105
Eiserer, L.A. 65, 72, 75, 76, 104

F
Fabricius, E. 51
Fisher, G.J. 51
Freeman, R.D. 61

G
Gaioni, S.J. 109, 111
Galileo（ガリレオ）5
Gottlieb, G. 51, 74
Gould, S.J. 5
Graves, H.B. 51
Gray, P.H. 65
Gross, C.G. 127

H
Haegerstrom, G. 61
Hafez, E.S.E. 32
Hale, E. 14, 15, 20
Halikas, N. 98
Harlow, H.F. 75, 92
Harris, F.R. 41
Hart, B.M. 41, 42
Herbert, M. 69, 70
Herman, B.H. 84
Hersher, L. 65
Herzog, H.A. 96
Hess, E.H. 51, 60, 65, 74, 98
Hickey, T.L. 61
Hill, S.D. 75, 143
Hinde, R.A. 65
Hinson, R.E. 146
Hoffman, A. 5–7, 9, 25, 28, 30, 34, 37, 39, 43, 44, 51, 52, 57, 62, 65, 72, 73, 75, 76, 79, 83, 87, 89, 91, 97, 104, 107, 109, 111, 114, 115, 124, 125, 130
Hoffman, D. 5–7, 9, 25, 28, 30, 34, 37,

39, 43, 44, 51, 52, 57, 62, 65, 72, 73, 75, 76, 79, 83, 87, 89, 91, 97, 104, 107, 109, 111, 114, 115, 124, 125, 130
Hoffman, H.S. 5-7, 9, 25, 28, 30, 34, 37, 39, 43, 44, 51, 52, 57, 62, 65, 72, 73, 75, 76, 79, 83, 87, 89, 91, 97, 104, 107, 109, 111, 114, 115, 124, 125, 130
Hollis, K.L. 133, 134
Horn, G. 8, 116, 117, 120-123, 127, 130, 134
Howard, K.I. 5, 9, 30, 65
Hubel, D.H. 61
Hull, C.L. 45

I
Immelman, K. 51
Ison, J. 114

J
Jacob, F. 92, 93
Jaynes, J. 65
Johnson, M.H. 121, 134

K
Kastin, A.J. 84
Kennell, J.H. 69
Kenney, M.D. 78
Keverne, E. 8, 139-142, 144, 145
Klaus, M.H. 69
Klein, S.H. 104
Kovach, J.K. 98
Kozma, F. 25, 28
Krank, M.D. 146

L
Leakey, R. 6
Lorenz, K. 5, 6, 10, 11, 13, 24, 50-53, 60, 62, 64, 67, 68, 75, 76, 102, 103, 105

M
Macdonald, G.E. 51
Martensz, N.D. 140
Mason, W.A. 75, 78, 143
McCabe, B. 116, 123
McCoulough, D. 8
McCully, J. 146
Millodot, M.A. 61
Mitchell, D.E. 61
Moltz, H. 98
Moore, D.J. 65, 68
Morris, D. 6
Myers, B.J. 69, 70

N
Newby, V. 34, 44, 57, 97
Newton, I. 118
Nicol, A. 123

O
Occam 136

P
Panksepp, J. 84, 113
Pavlov, I. 45, 72, 115
Penrose, R. 5
Peterson, N. 16-18, 22-26
Pickering, V.L. 83

R
Rajecki, D.W. 71
Ramsay, A.O. 74
Ratner, A. 65, 76, 79, 98, 115, 130
Richmond, J.B. 65
Rosenblum, L.A. 98
Ross, J.G. 57
Ross, S. 57

S
Salzen, A.E. 51, 65

Schaffer, H.R.　132
Schiff, D.　39
Schultz, F.　51
Scott, J.P.　68
Searle, J.L.　25, 114
Sechenov　114
Shapiro, L.J.　51
Shein, M.W.　51
Shiek, P.　68
Sidman, M.　9
Siegel, S.　146
Singer, D.　72, 75
Skinner, B.F.　16, 41, 45
Sluckin, A.　49–53, 65, 69, 70
Sluckin, W.　49–53, 65, 69, 70
Smith, F.V.　51
Solomon, R.　58, 59, 81, 82, 87, 135, 138
Stratton, J.W.　34, 44, 57, 97, 111, 124

T

ten Cate, C.　133
Thompson, C.E.　65, 75, 143
Thompson, R.W.　65, 75, 143
Thorpe, W.H.　65
Toffee, S.　25
Tuite, B.　140

V

Van Kampen, H.S.　126
Verhave, T.　46
Vilberg, T.　84
Vince, M.A.　65

W

Waller, M.G.　65
Waller, P.F.　65
Warren, M.　109
Watson and Crick　118
Wiesel, T.N.　61
Wolfe, M.M.　41

事項索引

あ
愛着行動 26, 65, 91, 93, 120, 122
依存性 67
1次性の動機づけ状態 (primary motivational condition) 82
飲水行動 54, 55, 56, 58
エンドルフィン (endorphins) 9, 10, 84, 85, 87, 90-93, 109, 112, 113, 135, 138-145
Occam の節減の法則 (law of parsimony) 136
オピエート 10, 84, 85, 113, 139, 140, 145
オピエートのようなペプチド (opiate-like peptides) 85
オピオイド 10, 141
オピオイドシステム 142
オペラント 41
オペラント行動 111, 112, 116

か
回転輪 122-124
快に関わる神経系 59
回避行動 81, 130
回避システム 130
科学的理論 136
学習 10, 24, 25, 49, 53, 57, 71, 72, 75, 92, 93, 99, 115, 116, 123, 126, 129, 130-136
覚醒剤 146
拡張理論 146
隔離飼育 72, 101, 103, 110
隔離誘導性攻撃行動 (isolation-induced aggression) 101, 105, 106
隔離誘導性ディストレス・コール (separation-induced distress calling) 84
下側頭皮質 (inferotemporal cortex) 127

ガチョウ 5, 13, 24, 51, 52, 60
活性効果 99
完全隔離群 105
完了行動 79
キーつつき反応 23, 26-29, 32, 41-43, 111
擬人主義 119
拮抗反応 67
偽薬（プラセボ）140
虐待 100
求愛行動 14, 15, 16
強化 17, 19, 22-25, 28, 38-42, 45-48, 54, 60, 78, 98, 104, 111, 112, 116
驚愕反応 114
強化子 24, 25, 40, 41, 121
強化事象 26, 44, 88
強制呈示 109
恐怖反応 37, 62, 66, 67, 71, 78, 131, 132
記録用電極 123
近似法 (the method of approximation) 23
グルーミング 141, 142, 145
系列依存性 87, 88
嫌悪刺激 82, 95, 97-100
嫌悪的内的要求 79
嫌悪的な経験 97
言語運用能力 68
攻撃 101-107, 109, 145
攻撃行動 10, 101-103, 105-107, 109, 145
攻撃性 67
攻撃の動因 102, 103, 105, 106
攻撃的なつつき行動 105
攻撃の要求 104
行動系列 47
行動的力動 121

行動の原理（法則）45
行動の制御 47, 54
行動分析学 9
刻印対象 74, 79, 109, 134
互恵的効果 17
個体差 34, 94
古典的条件づけ 72, 74, 93, 114–116, 133, 135, 145
子としての行動 (filial behavior) 65, 67, 71, 75, 92, 93, 98, 99, 106
コンテントメント・コール (contentment cheeps) 124, 125

さ

産後接触 (postpartum contact) 69
Jacobの原理 93
視覚皮質 61
刺激間時間間隔 (interstimulus intervals) 90
刺激クラス 92
刺激性制御 (stimulus control) 46
刺激布置 (stimulus configuration) 134
自己完結的 130
自己制限的 129
自己生産的なオピエート (self-produced opiates) 113
視床下部（腹内側核 ventromedial nucleus）141
七面鳥 13–16, 20, 50
実験動物 95, 96
自閉症 68
嗜癖 (addiction) 7, 82, 85, 91, 140, 146
嗜癖性行動 (addictive behavior) 8, 87
嗜癖性の過程 (addictive process) 10, 113, 138
嗜癖薬 106
社会的愛着 11, 13, 37, 65, 67, 110, 118, 138, 141, 142, 144–146
社会的隔離 109
社会的関係 17, 142

社会的きずな (social bond) 10, 13, 17, 18, 22, 24, 49, 67, 74, 75, 78, 84, 85, 87, 93, 94, 97, 99, 100, 110, 113, 116, 121, 141, 142
社会的刺激 59, 78, 86, 104, 145
社会的相互作用 59, 107, 109, 140, 142
社会的促進 57
社会的に誘導された食餌行動 56
社会的結びつき 65
弱化 43, 44
集団飼育 107, 109, 110
種間の違い 94
種に特有な社会的信号 102, 105
受容器 133
消去 42, 43
条件刺激 72
条件づけられた子としての反応 (conditioned filial reaction) 74, 135
条件づけられた制止効果 (conditioned inihibitory effect) 146
条件づけられた対抗過程 (conditioned opponent process) 146
上線状体内腹側部 (intermediate zone of the medial hyperstriatum ventrali:IMHV) 116
情動 41, 43, 59, 81, 82, 90, 91
情動喚起刺激 (affect-arousing stimulus) 106
初期経験 16, 68
食餌行動 10, 30, 54–59, 141, 145
触覚刺激 109
進化 5, 92, 94, 141
新奇性が引き起こす恐怖 (novelty-induced fear) 71
新奇な刺激 65, 66, 71, 77, 93, 99, 100, 116, 123, 125, 129, 131, 133, 134, 136
新奇なものへの恐怖 (neophobia) 71, 132, 136
神経活動 123, 126

神経系 13, 53, 59, 61, 65-68, 123, 125, 130, 133, 134, 142, 144
神経集合体 134
神経生物学的研究 144
神経生理学 61, 62, 113, 123
神経対応システム (neural matching system) 130
神経的基盤 140, 141
神経的表象 128, 130, 133-135
神経の電気的活動 126
新生児 5, 69, 92, 138
身体的虐待 100
親的対象 132
随伴性 38, 44, 98, 122
生化学的なラベリング (biochemical labeling) 128
成熟 15, 61, 71, 93, 94, 130-133, 135-137
性的刻印づけ 50
生得的動因 104
生物学的親 74, 132
セルフコントロール 43
セレンディピティー（掘り出し物を発見する能力；serendipity) 6
潜在刻印づけ (latent imprinting) 66

た
対抗過程 (opponent process) 82-84, 87, 90, 93, 106, 135, 144-146
対抗過程理論 (opponent process theory) 91, 146
対抗環システム (opponent-loop system) 82
第2の刺激に対する刻印づけ 76, 77, 129
知覚学習 133-135
中隔側坐核 (nucleus accumbens) 141
中性的 72, 74, 77, 92, 93, 116, 135, 136
聴覚学習 126
追随 44, 62, 78, 98, 99
追随行動 44, 45, 97
つつき行動 19, 25, 56, 101, 105
つつきパターン 88
呈示学習 130, 133, 135
ディストレス・コール（distress calls; 苦痛の声）27, 32-43, 55, 57, 58, 60, 62, 72-80, 82-85, 92, 101, 107-112, 121, 122, 124-126, 131-133, 143
テストステロン 15, 16
電気ショック 97, 98, 100
動機づけ 23, 82, 98, 99, 101, 103, 144
動機づけ基盤 79
動機づけと情動についての理論 81
凍結反応 (freezing response) 37
同腹のヒナ 107
動物行動学 8, 50, 52, 79, 118
動物の権利 95
特徴検出器 133, 134
トランキライザー 84

な
内的表象 134, 136, 144
内的要求 79, 86, 91
ナロキソン (naloxone) 84, 140, 141, 145
ニッチ 118
乳児 69, 118, 132, 139
ニワトリ 84, 101, 116, 119, 120, 124-127, 129, 131-134, 136, 144
認識システム 134
ネズミ 6, 16, 17, 46-48, 96
脳細胞 127
脳室内注射 (intraventricular injection) 84
脳脊髄液 140, 141

は
バースト 29, 30, 42, 57, 86-91, 112, 138
バーストサイズ 88, 89
バーストパターン 90
灰色ガン 13

剥奪 (deprivation) 23, 65, 86
発達神経生理学 61
母親のきずな形成 (maternal bonding) 69
Pavlov 型の条件づけ 72
バルビツル酸塩 84
反射 45, 114, 138, 139
反応クラス 41
反応形成法 (response shaping) 23
反応随伴性 38, 98, 122
反応トポグラフィー 41
非隔離群 105
ピップマーク 34, 80, 119
表象 128, 130, 133-136, 144
敏感期 (sensitive period) 68, 129, 130, 133
不可逆的 10, 68, 116
部分的隔離群 104, 105
孵卵器 18, 34, 79, 80, 119
プレパルス・インヒビション（prepulse inhibition）114
辺縁系 141
扁桃核 (amygdala: 中心核 central nucleus) 141
弁別 116, 131, 132
方向特異的皮質細胞 61
飽和 (satiation) 86
ポールつつき反応 55, 57
母性行動 141

ま

まばたき反射（眼瞼反射）138, 139
無条件刺激 72
迷信行動（superstitious behavior）48
模倣 57
モルヒネ (morphine) 84, 113, 140, 141, 146
モルヒネ拮抗阻害体（モルヒネ・アンタゴニスト）84

や

薬物自己投与 146
薬物嗜癖者 146
薬物乱用者 106
薬理学的研究 84
野鶏 (jungle fowl) 120, 121
誘発 34, 66, 72, 74, 75, 78, 90, 92, 93, 99, 105, 106, 108, 109, 114, 120, 121, 134-136, 146
誘発刺激 93
ユニット記録法 123, 125, 127, 128
要求 (need) 40, 79, 80, 81, 84, 86, 91, 103, 104
ヨーキング (yoking; 連動) 39, 40
欲求行動 (appetitive behavior) 79

ら

臨界期 10, 24-26, 30, 60-65, 67-70, 110, 111, 129
倫理的取り扱い 96, 97
霊長類の愛着 75, 91
レスポンデント 41
連合 73, 74, 92, 98, 99, 115, 116, 142, 145
連合学習 143
連合的効果 99
Lorenz 学派 10, 11, 68, 103

訳者あとがき

　刷り込みとして広く知られているアヒルやニワトリなどの早成性鳥類の行動過程は、実はその名が示すような固定的なものではなく学習過程である。原著者であるHoffman博士は、それを彼の著書で強調している。そして彼は、この過程を単に早成性鳥類だけでなく種の違いを超えて共通する発達初期の重要な行動過程ととらえ、それに関わる原理を実験心理学の視点から明らかにするために多くの研究の成果を紹介している。

　原書を私が知ったのは、それが出版されて比較的すぐであった。学部生のときから、慶應義塾大学名誉教授、故小川隆教授の指導のもとで刻印づけの研究を続けてきた私は、それを手にして読み終えたとき、「Hoffman博士も年をとったな」と、一面識もない彼に対して思った。彼の本は、単なる一研究者の回想録でしかなく、刻印づけについて学ぶべき新しいことはなにもないように思えたからである。しかし、それは大きな間違いであった。私自身が刻印づけの研究を進めていく過程で、原書を何度も読む機会を持ったが、読むたびに新たな発見があったのだ。

　自分の狭量と無知を恥じて謙虚な気持ちになって（なったつもりで）、彼の本をもう一度読み直した。やはり新たな発見があった。「自分の心理学」を、一人の心理学者が自分の人生と関わる中で問いかけてきた姿がそこにはあった。私にとっての問題は、もはや刻印づけを知ることではなく、一人の心理学者の生き様を知ることとなった。それをもっと知るためには、原著を訳すことが必要かもしれないと思った。

　翻訳という私にとって、とても困難な作業に従事したのは、原著の文章の一字一句に注意を向けながら訳すことで、Hoffman博士の研究人生をもっと理解できると思ったからである。またこの本で、Hoffman自身も述べているように、行動についての科学的な視点を多くの人に知ってもらうためにも、翻訳は必要であると思った。刻印づけは刷り込みとしてバラエティー番

組などで紹介されることはあっても、その内容はきわめてお粗末である。本書で紹介されている Sluckin の本の翻訳などはあっても、最近の研究成果を紹介している専門書はほとんどない。そこで意を決して訳すことにした。

　幸いにも Hoffman 博士と二瓶社社長の吉田三郎氏の許可を得て翻訳にとりかかったのであるが、私の拙い文章力ではこれはとても手に負えないと思い始めた。そうこうするうちに 1 年がたち Hoffman 博士から進捗状況を尋ねられ、あわててふたたび作業に取りかかった。できあがった草稿に吉田三郎社長をはじめ二瓶社の方に目を通していただいたところ多くの添削を受けた。それでもなんとか仕上げることができた。読み直して今なお不十分な点があるように思われるが、Hoffman 博士の研究人生と行動の科学的視点については読者の方に理解していただける内容になっていると思う。

　ところで Hoffman 博士は、刻印づけの学習過程を古典的条件づけととらえているが、私はむしろオペラント条件づけととらえることができるのではないかと思っている。その視点は、慶應義塾大学名誉教授の佐藤方哉先生や私の先輩研究者である樋口義治氏、望月昭氏との共同研究で培われたものである。この視点の実証的な研究はいまだ十分とは言えないが、その土台になったのは、やはり Hoffman 博士の不朽の論文（Hoffman & Ratner, 1973）で紹介されている刻印づけの理論である。機会があれば私たちの研究も紹介したい。

　最後に訳者あとがきを終えるにあたって、この度の翻訳出版を快くお引き受けいただき、さらに私の拙い文章を懇切丁寧に校閲してくださった二瓶社社長、吉田三郎氏と編集部の駒木雅子氏、そして関係のかたがたに厚くお礼を申し上げます。

　　　　平成 19 年元日

　　　　　　　　　　　　　　　　　　　　　　　　　訳者　森山哲美

［訳者略歴］

森山哲美　もりやま　てつみ

1952年　東京生まれ
1976年　慶應義塾大学文学部心理学科卒業
1982年　慶應義塾大学大学院社会学研究科心理学専攻博士
　　　　課程満期退学
現在　　常磐大学人間科学部、同大学院人間科学研究科教授
　　　　博士（心理学、慶應義塾大学）
専門　　行動分析学、学習心理学、比較心理学

刻印づけと嗜癖症のアヒルの子
社会的愛着の原因をもとめて

```
          2007年2月28日  第1版  第1刷
著  者    ハワード・S・ホフマン
訳  者    森山哲美
発行者    吉田三郎
発行所    ㈲二瓶社
          〒558-0023  大阪市住吉区山之内2－7－1
          TEL 06-6693-4177  FAX 06-6693-4176
印刷所    亜細亜印刷株式会社
```

ISBN 978-4-86108-037-1 C3011

装幀・森本良成